Walther Rohdich

Der Hund
Kamerad und Menschenfreund

Walthers Tiergeschichten

Walther
Rohdich

Der Hund – Kamerad und Menschenfreund

Walthers Tiergeschichten

Bibliografische Information der Deutschen Nationalbibliothek:
Die Deutsche Nationalbibliothek verzeichnet diese Publikation in der Deutschen Nationalbibliografie; detaillierte bibliografische Daten sind im Internet über http://portal.dnb.de abrufbar.

ISBN 978-3-96103-634-9

Korrektur und Lektorat Ilka Wallmeyer-Rohdich aus Greven

www.rediroma-verlag.de
23,95 Euro (D)

Inhaltsverzeichnis

„Der beste Freund des Menschen“ – kein Vorwort!

Ein bekanntes Internet-Lexikon schreibt zu diesem Thema: „Die superlative Periphrase **der beste Freund des Menschen** oder **des Menschen bester Freund** bezieht sich im Allgemeinen auf den Hund, speziell auf den Haushund, ohne ihn explizit zu nennen. Sie umschreibt und unterstreicht das aus menschlicher Sicht häufig besonders wahrgenommene und anscheinend auf Freundschaft beruhende Verhältnis zwischen Mensch und Hund....“

„Wer war zuerst auf der Welt?“, fragte mein bester Freund, ein Hundefreund auch, „Hund oder Mensch?“

„Nun“, antwortete ich, „nach dem Autor der Bibel, der kein großer Hundefreund gewesen sein kann, denn des Hundes Vorfahr war der Wolf, und alle Tiere soll Gott ja vor dem Menschen geschaffen haben.“

Wie dem auch gewesen sein mag: „Der Wolf ist eines der raffiniertesten Tiere der Schöpfung und hat es verstanden, bis heute raffiniert und ein Feind des Menschen geblieben und dennoch dessen bester Freund geworden zu sein.“

Ein Vorwort

Um das Interesse meiner Leserschaft zu wecken, zähle ich hier die „Liste bekannter Hunde“ alphabetisch auf, die Wikipedia veröffentlicht hat, ohne dass ich auf nähere Einzelheiten eingehe: So wie ich in diesem „Hundebuch“ keine Hundenamen nenne und auch die einzelnen Rassen nicht: Air Buddy, Alcmene, Ali und Rubi, Abutui, Balto, Bamse, Banko, Barney, Barry zweimal, Bauschan, Belka und

Streika, Bianca, B.J., Blondi, Bo, Boodgie, Browndog, Buddy, Bummer und Lazarus, Butz, Charley, Conan, Dagobert, Daisy, Dash, Diesel, Erdmann, Fala, Feldmann, Fido, Flintstone, Fortune, Greyfrias Bobby, Glöckchen, Hachiko, Handsome Dan, Henry, Jackie, Just Nuisance, Laika, Lampo, Lou Dog, Loukanikos, Lump, Lurch, Lux, Maltschik, Mina und Shaya, Misty, Miss Beazley, Moose, Munito, Negro Matapacos, Nico, Nipper, Old Hemp, Pal, Pecorino, Pickles, Püppi, Red Dog, Rhett, Rico, Riley, Rin Tin Tin, Rubia, Russi, Sam, Schnick, Shirley, Snuppy, Stanley, Strongheart, Stubby, Sultan, Sully, Tama, Terry, Togo, Tommy, Tongdaeng, Torfhund, Trump, Tyras und Uggie; Hunde von Besitzern, die politisch nicht sauber sind, habe ich ausgelassen. Einige Hundepersönlichkeiten werden meiner Leserschaft bekannt vorkommen.

Keiner der von mir hier präsentierten Hunde ist berühmt geworden, sie sind sozusagen namenlose Mitläufer des Menschen. Aber gerade deshalb „nette Kerle", auch wenn sie Hündinnen sind! Ich selbst „besaß" nie einen Hund, rein rechtlich gesehen. Aber sie liefen mir nach, diese netten Burschen:
Hof-, Haus-, Jagd-, Bauern-, Stadt-, Landstreicher-, Stadtstreicher-, Ausreißer-, Wach-, Stubenhocker- und sonstigen Hunde. Ich habe mich in einigen Büchern, die noch zu haben sind, ausgelassen: „Pimpfe, Pauker und Propheten", 978-3-96103-155-9, „Abenteuer Kriegshunde in den Weltkriegen", 978-3-96103-244-0, „Nelli der Einzige", 978-3-96103-408-6, „Meine Heimtiere und ich", 978-3-96103-642-4.

Ich stelle „meine" Hunde hier hauptsächlich in ganzseitigen Porträts vor – so als wollten sie sich irgendwo bewerben. Einige sind in einer örtlichen Hundeschule fotografiert worden, die meisten draußen in freier Wildbahn mal mit, mal ohne Wissen von Herrchen und Frauchen. Wer seinen Liebling wiedererkennt – mag sich freuen und dieses Buch kaufen!

Es ist unumgänglich, dass wir ein wenig in jenen Erkenntnissen wühlen, Thesen, die Wissenschaftler für sich und andere Zeitgenossen erkannt haben – die so genannten Archäologischen Funde, bei denen die Schnauze, zum Beispiel des Wolfes, die Hauptrolle spielt: Die Veränderung des Fressverhalten vom wilden und domestiziertem zahmen Wolf, dem Hund also, soll eine sehr große Bedeutung haben. Die ältesten Belege für die Anpassung des Wolfes an den Menschen stammen aus dem Jungpaläothikum. Die Veränderungen am Gebiss, nämlich die Schrägstellung einzelner Zähne, wurden bei Wolfsschädeln von verschiedenen altsteinzeitlichen Siedlungen festgestellt. Außer der DNA-untersuchten 33.000 Jahre alten Wolfsschädel aus der Razboinichya-Höhle im Altai gibt es einen weiteren Schädelfund aus der Goyethöhle im Tal der Maas mit den charakteristischen Veränderungen der Schnauzenpartie. Beide Funde werden dem frühen Cro-Magnon-Menschen zugerechnet. Aus den westrussischen Fundstellen sind Hundeknochen bekannt, die auf 17.000 bis 13.000 vor unserer Zeitrechnung datiert sind. (Da trat auch das Mammut auf).

Es erscheint als erwiesen, dass die Domestikation des Wolfes gleichzeitig und an verschiedenen Orten stattgefunden hat, weil Wölfe der heutigen Art über ganz Europa und Teile Asiens verbreitet gewesen sein müssen. Klare Indizien der Wolfs-Domestizierung bieten jene Grabstätten, in denen Mensch und Hund gemeinsam beigesetzt wurden. Sie bezeugen auch das bereits innige Verhältnis des Hundes zum Menschen, den er danach schon vor 14.000 Jahren als Herrn anerkannt hat - „An wessen Tisch ich esse, dem diene ich!“

Weltweit, so schätzt man, leben heute 500 Millionen Hunde auf der Erde, davon 75% freilebend, wo sie in vielen Ländern ein Problem darstellen. Wer Spanien und orientalische Länder bereist hat, wird dieser Angabe zustimmen. Dieses Problem wird sich noch verschlimmern, weil fast keiner dieser Hunde kastriert und der Vermehrung nichts entgegen zu setzen ist. Viele von ihnen werden ohne Hemmungen getötet, in Heimen untergebracht und dort unterversorgt, bis man auch sie tötet. Das haben unsere Vorfahren auf dem Land vor gar nicht langer Zeit mit Hunde- und Katzennachwuchs so gemacht, dass die Jungen in Säcke gesteckt und in Teichen und Weihern, die es damals mehr gab als heutzutage, ertränkt wurden.

* * * * * *

Ich bin heute noch stolz, einen solchen Vorgang 1947 verhindert zu haben, indem ich den Bauern bat, die jungen Hunde mir zu überlassen, um sie anderen Landwirten gegen ein Mittagessen anbieten zu können. Hier ist einer dieser erfolgreichen Versuche gelungen; (das benutzte

Plattdeutsch ist nicht schreibbar und ins Normale übersetzt):
„Hallo Frau Bäuerin, ich habe gesehen, dass Ihr Hofhund überaltert ist und es nicht mehr lange macht.“
„Ja, er ist bereits 13, hat das Reißen in den Gliedern und Herzklabastern.“
„Ich habe junge Hofhunde bei mir und kann Ihnen einen überlassen, wenn Sie mir ein Kilo Kartoffeln dafür geben.“
„Das ist zu teuer!“, rief ihr Mann, der hinzugekommen war.
„Dann für ein Mittagessen“, sagte ich, „ich habe Schmacht.“
„Lass deine Köterchen mal sehen.“
Ich ließ sie alle aus dem Sack, damit sie pinkeln und koten könnten, und der Bauer, seine Frau und zwei seiner sechs Kinder waren so begeistert, dass sie ein Paar abnahmen, mich mitessen ließen, (Hafergrütze mit Einlage und eingemachte Honigbirnen), und mir mitteilten, wo ich in erreichbarer Nachbarschaft die restlichen vier loswerden könnte. Das klappte, ich nahm an einem Roggenkaffeefest teil und durfte noch vier Butterkuchenstücke „für Morgen“, ein Sonntag, mitnehmen.

Der Haushund

Wir stellen hier Alfred Edmund Brehm, den großen Tiererzähler des 19. Jahrhunderts, auf den wir noch zurückkommen werden, an den Anfang und zitieren ihn:
„Wirklich spaßhaft ist es, was die alten Schriftsteller noch alles von der Bedeutung des Hundes zu Arzneizwecken aufgeführt haben… Namentlich ist Plinius unermüdlich in der Aufzählung verschiedener Heilkräfte des Hundes.

Außer ihm leisten Sextus, Hipokrates, Galen, Faventius, Marellus, Bontius, Aeskulap und Amatos auch das Ihrige. Ein lebender Hund, bei Brustschmerzen aufgelegt, tut vortreffliche Dienste; wird er aufgeschnitten und einer schwermütigen Frau auf den Kopf gebunden, so hilft er sicher gegen die Schwermut. Nach Sextus heilt er sogar Milzkrankheiten. Mit allerlei Gewürzen gekocht und gegessen dient er als Mittel gegen die fallende Sucht..."
Und so geht es weiter, der ganze Hund war eigentlich nur ein Arzneimittel.

Und so ging es noch weiter:
Schon seit frühesten Zeiten wurde der Nutzen des Hundes gewürdigt. Und deshalb rühmen auch die Schriften aller Völker die trefflichen Tiere. Gleichwohl war die Behandlung, welche sie erfuhren, und die Achtung, in der sie standen, eine sehr verschiedene. Sokrates hatte die Gewohnheit, beim Hund zu schwören. Alexander war über den frühen Tod eines Lieblingshundes so betrübt, dass er ihm zu Ehren eine Stadt mit Tempeln bauen ließ. Homer besingt den Argus, den Hund des Ulysses = Odysseus in wahrhaft rührender Weise. Plutarch rühmt Melampithos, den Hund des Handelsmannes von Korinth, welcher seinem Herrn durch das Meer nachschwamm. Der treue Phileros ist durch griechische Grabschriften verewigt worden. In römischen Schriften wird des Hundes eines Verurteilten gedacht, welcher dem in den Tiber geworfenen Leichnam seines Herrn unter traurigem Geheul schwimmend nachfolgte. Soter, der einzige Überlebende von den hündischen Wächtern, welche Korinth verteidigten, empfing auf Kosten des Staates ein silbernes Halsband mit den darauf ge-

stochenen Worten „Korinths Verteidiger und Erretter“.

Dennoch: „Hund“ galt bald vielen Menschen als Schimpfwort. Hoch geehrt war der Hund dagegen bei den Germanen, wie überliefert ist. Bei den so genannten alten Deutschen kostete ein Leithund 12 Schillinge, ein Pferd nur 6. Wer bei den Burgundern ein Windspiel stahl, musste öffentlich den Hund am Hintern küssen und 7 Schillinge zahlen.

„Durch den Verstand des Hundes besteht die Welt.“

So steht es im „Vendidad“, einem der ältesten schriftlichen Werke der Menschheit.

„Der Hund“, schrieb der Zoologe Friedrich Cuvier, 1773 bis 1838, „ist die merkwürdigste, vollendetste und nützlichste Erwerbung, welche der Mensch jemals gemacht hat, denn die ganze Art ist unser Eigentum geworden; jedes Einzelwesen derselben gehört dem Menschen, seinem Herrn, gänzlich an, richtet sich nach seinen Gebräuchen, kennt und verteidigt dessen Eigentum und bleibt ihm ergeben bis zum Tod. Und alles dieses entspringt weder aus Not noch auch Furcht, sondern aus reiner Liebe und Anhänglichkeit. Die Schnelligkeit, die Stärke des Geruchs haben für den Menschen aus ihm einen mächtigen Gehilfen gemacht, und vielleicht ist es sogar notwendig und zum Bestand der Gesellschaft des Menschenvereins. Der Hund ist das einzige Tier, welches dem Menschen über den ganzen Erdboden gefolgt ist.“

Und der allbekannte Carl von Linné, den wir schon zitiert haben, wusste zu sagen:

„Das naturgeschichtliche Schicksal des Hundes gleicht

dem des Menschen.“

Sichere Funde, sogar Abbildungen und Figuren über den „Hund als Freund des Menschen“ haben wir erst aus der Antike. Aber es ist leicht überschaubar, dass diese Freundschaft älter ist. Wenn ich erzähle, wie ich die Freundschaft einer Fuchsfamilie, außer den Eltern natürlich, als ausdauernder Tierfotograf erwarb, kann ich mich als ein um Jahrtausende Zurückversetzter betrachten. Es begann, als ich mich mitten auf einen großen Bau setzte, der unter Kiefern, Fichten und Birken nach Aussagen des Försters „uralt“ sein und vielen Generationen von Füchsen und Dachsen gedient habe. „Brotzeit“ auf einem Fuchsbau! Absichtlich! Und ebenso von der Brotzeit Reste liegengelassen! „Mit Schinken, Mettwurst, Camembert und Toast fängt man Füchse!“ Am anderen Morgen war alles aufgegessen. Wiederholung der Aktion. Am dritten Tag hatte ich beim Essen erst neugierige Zuschauer, dann, leicht hingeworfen, Gesellschaft. Die beiden Elternteile mochten sich im Beutefang noch so sehr abrackern und Mäuse, Ratten, Fasane, Rebhühner und Bisams fangen – was ich anbrachte und bald „persönlich“ darreichte und verteilte, wurde eindeutig hingebungsvoller und gieriger verschlungen. Erst als die Jungen älter, vorsichtiger und also selbständiger wurden, ging die Familie auseinander und wurde dann auch von der Jägerschaft bejagt.

So **muss** es also gewesen sein: Jede Siedlerfamilie oder auch einige gemeinsam besaßen schon vor der Antike, vielleicht vor 20.000 oder 30.000 Jahren schon, eine Abfallgrube oder so etwas wie einen Misthaufen, auf den geworfen wurde, was nicht mehr gegessen werden konnte und verrotten durfte – es lockte alle Fleischfresser an! Damit begannen Mensch- und Wolffreundschaften gleichzeitig an vielen Stellen. Clevere Altvordere begannen, den Wölfen das Geheck zu stehlen und selbst aufzuziehen. Damit waren aus Wildtieren Haustiere geworden. Meine Leserschaft mag mir verzeihen, dass ich hier einen Vorgang, der „seine Zeit“ brauchte, in wenigen Minuten und Zeilen abhandle. Man bedenke, dass man heute, finge man einen Jungwolf, bevor er diese Welt kennengelernt hätte, im Ruckzuck von wenigen Tagen zum Haustier umfunktioniert hätte! (Gleichzeitig mit diesen Vorgängen werden andere Haustiere wie Schafe, Ziegen und Rinder entstanden sein.)

Die Hundezucht

Es gibt Kritiker jeder Tierzüchtung, die behaupten, „wenn der Mensch seine Finger aus der Sache gelassen hätte, wäre die Evolution in der Lage gewesen, Besseres und Dauerhafteres zu schaffen“. Nun denn: Länger hätte das natürlich gedauert! Was bedeutet überhaupt Zucht? Wir antworten, nachdem wir uns schlau gemacht haben: „Als Zucht wird in der Biologie eine kontrollierte Fortpflanzung mit dem Ziel der genetischen Umformung bezeichnet.“ Es geht also um die Verbesserung gewünschter Eigenschaften: Statt fetter Schweine magere; schnellere Pferde; oder mehr ausdauernde; Milchsteigerung bei Kühen; unterschiedliche Hunderassen herstellen, damit jedermann und jede Frau den passenden Hund zur Verfügung hat: Der Jäger den jagenden, der Polizist den spürenden, der Bauer den wachenden und verbellenden, Kinder den spielenden und aufpassenden, Großmutter den schmusenden und Großvater den begleitenden Hund… Damit sind längst nicht alle Möglichkeiten genannt!

Wie das in der Praxis seit Jahrtausenden vor sich geht, kann in diesem Buch nicht beschrieben werden. Nur noch ein Hinweis: „Der Haushund *Canis lupus familiaris* ist als Unterart des Wolfs erwiesen, doch wird der rückverwilderte Dingo *Canis lupus dingo* als eigene Unterart geführt." (Was für unseren Hund zutrifft, gilt auch für Katzen!) Wohin die weiter betriebene Tier- und Hundezucht noch führen wird, ist nicht absehbar, wird aber für nachfolgende Generationen noch einige Überraschungen auf Lager haben.

Weil kleine und große Tiere Unheil gegen den Halter und für die Mitmenschen anrichten können, hat der Mensch entsprechende und speziell gültige Versicherungen geschaffen. Früher: „Hast Pech gehabt, sieh zu, dass du klarkommst!" Heute? Schon Wilhelm Busch ließ einen vom Hund Geschädigten drohen: „Zahlt der Herr von Fittich nicht, werd ich klagen vors Gericht."

Wir stellen ein Angebot vor, das uns im Zuge dieses Buches von einer münsterschen Versicherung unterbreitet wurde:

Hundehalterhaftpflicht 30004 pauschal für Personen-, Sach- und mitversicherte Vermögensschäden 50.000.000 Euro, höchstens für die einzelne Person 15.000.000 Euro – Kosten jährlicher Beitrag 102,76 Euro. Mitversichert sind die üblichen Leistungen, hier 11 an der Zahl, die wir nicht aufführen.

Wer glaubt, hiermit die Hauptkosten für eine Hundehaltung - Essen, Trinken und Tierarzt zählen wir nicht mit – erreicht zu haben, der irrt sich! Es gibt noch den großen Handaufhalter, wenn's ums Geld geht – Vater Staat! Seit 2003 gilt auch in Greven das (LhundG NRW), das Landeshundegesetz Nordrhein-Westfalen, das allgemeine Pflichten und Verpflichtungen regelt. Wer einen gefährlichen Hund oder einen Hund bestimmter Rasse halten möchte, ist verpflichtet, schon vorm Erwerb einen Erlaubnisantrag zu stellen. Fällig wird dann auch die Hundesteuer, welche jeweils der Gemeinde zusteht. Wie hoch sie ist und wann sie tatsächlich anfällt, ist bei der Gemeinde zu erfahren. Warum wird sie erhoben? Etwa weil jeder Hund bei jedem Spaziergang seine Küttel hinterlässt? Nein, sie ist nämlich eine Luxussteuer, welche die Hundehaltung reduzieren soll! Immerhin brachten die sieben Millionen Hunde der Bundesrepublik 2015 eine Steuersumme von über 300 Millionen Euro ein. Die private Hundehaltung ist in Deutschland durchaus nicht alt. Sie wurde eigentlich erst populär, als unsere Politiker, Diplomaten und andere „hohe Tiere" anfingen, Hunde zu halten, ohne dass dafür stichhaltige Gründe vorhanden waren. Einen wichtigen Mann dieser Gruppe, den „Erfinder" des „Reichshundes", werden wir gleich vorstellen. Interessant ist eine Untersuchung, welche festgestellt haben will, dass die Gesundheit von privaten Hundehalten besser sei als diejenige von Hundelosen – was logisch erscheint, wenn wir an Rentner und Pensionäre denken: Jeder gute Arzt, der Senioren behandelt, empfiehlt das Spazierengehen; „statt zu Hause herumzulungern und ins Fernsehen zu glotzen"!

Die Zähne

Wer küttelt, muss vorher essen. Vom Wolf her ist unser Hund ein reines Raubtier, das nur Fleisch verzehrt. Dass wir ihm beigebracht haben, auch Vegetarisches zu essen, ist eine unserer großen Leistungen: Kartoffelbrei mit brauner Soße, Gratin, Reisbrei, belegte Brötchen und, ich sah es neulich vor einem Café, Frankfurter Kranz und Bienenstich – der Hunger nach langem Spaziergang trieb's wohl rein. Alle Fleischesser, auch wir haben einst so angefangen, brauchen starke Gebisse, und diese werden nicht mitgeboren, sondern wachsen wie bei uns langsam aber sicher unter Schmerzen mit. Die ersten Milchzähne kommen mit den Eckzähnen in der dritten Lebenswoche hervor, bis das vollständige erste Milchgebiss mit 28 Zähnen in sechs Wochen fertig ist. Der Zahnwechsel zum endlichen Gebiss beginnt ab dem dritten Monat…

Unsitten und Erziehung

Sie wollen sich einen Hund anschaffen? Vielleicht, weil Sie dieses Buch gekauft und gelesen haben? Es gibt dazu ein paar Regeln und auch Ratschläge, weil der Hund ja nun nicht mehr Gebrauchs-, sondern auch Unterhaltungs- und Schmusetier geworden ist – manche von ihnen sollen sogar das Kommando zu Hause übernommen haben! Wir haben zehn Gebote für den Umgang mit Hunden im Familienanschluss ausgewählt und geben sie hiermit der Hunde-Allgemeinheit bekannt.

1.) Welpen niemals beim eigenen Essen vom Tisch her füttern.

2.) Im Alter von 6 bis 12 Wochen sind Welpen besonders

lernfähig, nutzen Sie das aus!
3.) Lassen Sie den Welpen immer mal wieder allein. Das ist in der freien Wildbahn bei Wölfen ganz natürlich.
4.) Kehren Sie von Anfang an den Chef heraus, ohne ungerecht zu sein.
5.) Einen Hund allein zu lassen ist völlig normal.
6.) Beim Erziehen zur Stubenreinheit nie schimpfen.
7.) Kommandos knapp und deutlich geben.
8.) Positive Verhaltensweisen müssen gefördert werden.
9.) Weil Strafen keine Langzeitwirkung haben, sollten sie nur kurz und knapp, jedoch verständlich angesetzt werden.
10.) Erziehung, auch bei uns Menschen, geschieht lebenslänglich!
„So kann ein Hund ein guter Kamerad werden!“

Hundeschulen

„Warum soll ein Hund zur Schule gehen?“
„Warum soll ein Hundehalter zur Hundeschule gehen?“
Zwei Fragen – eine Antwort: „Weil es beiden Spaß macht!“
Man verbringe, wenn man die Zeit hat, eine oder zwei Stunden Zeit als Zaungast bei einer Hundeschule im Freien. Meist ist dies eine gepachtete oder auch eigene eingezäunte Grünfläche, auf der allerlei Geräte „zum Turnen“ stehen. Meist schon am besetzten Parkplatz ist zu erkennen, ob Betrieb herrscht. Wundern sollte man sich nicht, wenn man gemeinsam die Kleinsten wie die Größten friedlich miteinander arbeiten sieht – ein Gemisch, das auch bei Herrchen, welches ebenfalls ein Frauchen sein kann, zu erkennen ist.

Auf „Los“ geht‘s auch hier los. Aufstellen zum Zuhören.

Schon dabei lässt sich erkennen, welcher Hund bereits Parieren = Gehorchen gelernt und wer zu Hause das Sagen hat. Also Aufstellung nehmen! Meist in einer Reihe gegenüber, so dass jeder jeden sehen kann – Hunde in dieser Situation lernen von ihresgleichen ebenso viel wie vom Vortragenden, und wie in einer menschlichen Schulklasse gibt es Rangeleien, Unaufmerksamkeiten und Verweise. Was der Mensch da in der Mitte, meist ein „Weibchen", so laut redet, interessiert keinen Hund – jeder richtet seine Aufmerksamkeit auf seinen „Kommandanten". „Bei Fuß gehen" haben nicht alle Hunde gelernt, hier sind jene zu erkennen, welche beim täglichen Spaziergang ihre Ausführer hinter sich herzogen.
„Lernen beim Tun", sagt der Engländer englisch. Jetzt und im Folgenden: Im Kreis gehen, Hin- und Zurückgehen, über leichte Hindernisse wie Bretter, einen Graben queren, anhalten, setzen und „Down" machen und lernen, mit „Kopfhoch" nur aufs Herrchen zu achten. Ein höheres Lernfach ist schon, über ein Wippbrett zu gehen, durch eine Röhre zu huschen, einen aufgehängten Autoreifen durchzuspringen und im Rennen abrupt anzuhalten. In einer menschlichen Schulklasse wird extrem sparsam gelobt – hier ist Lob der Inhalt allen Tuns. Weil auch Hunde bestechlich sind und Leckerlis erwarten, geht ihnen eine Streicheleinheit übern Kopf und das Kraulen hinter den Ohren über alles.

Eines noch: Wir schreiben und lesen hier nicht über professionelle Hundeschulen, wo Berufshunde ausgebildet werden. Sie, diese Jagd-, Blinden-, Polizei-, Rettungs-, Wach-, Hüte-, Such- und Findhunde sind ein Wunder und wären eine Abhandlung wert für sich! Als ich eine Hunde-

Schullehrerin fragte, „wie schnell sind Hunde eigentlich?“, wusste sie es nicht und sie verwies aufs Internet. Dort las ich, dass ein Schäferhund auf 48 Km/h kommt, ein Terrier auf 60 und ein Rekordler wie der Greyhound es auf 80 bringen kann. Und Nelli I.? Dieser Mischling und Mittelgroßer?

So beschloss ich, es selbst auszuprobieren:
1.) Mit Läufen auf einer Hundertmeterstrecke und
2.) durch ein Fahrrad mit Kilometerzähler.
3.) konnte ich den Revierförster gewinnen, der nicht nur einen Käfer, sondern auch einen DD = Deutschdrahthaar neu angeschafft hatte.

Bei Erstens ging‘s noch relativ einfach her: In Ermangelung eines Maßbandes musste eine Fünfmeter-Latte herhalten, mit der ich auf einer neu geteerten Kreisstraße die hundert Meter festlegte. Woher eine Uhr mit Sekundenzeiger nehmen? Einer meiner Brüder, der zur Konfirmation eine geschenkt bekommen hatte, machte mit und hielt Nelli am Halsband vorm Start fest. Dann lief ich zum Zielpunkt vor und gab per Handzeichen den Start frei. Nelli, der wohl befürchtet hatte, ich liefe ihm fort, legte nun all seine Kraft in die vier Läufe, dass der Asphalt staubte, die Zunge ihm länger aus dem Hals hing als sie tatsächlich war und ich mich in Stellung brachte, ihn schadlos aufzufangen. Dabei ein Blick zur Uhr: 8 Sekunden bei Gegenwind! (Frage: Wer verleiht hier eine Goldmedaille?) Schokoladenplätzchen gab‘s nicht, nachdem ein Tierarzt verbreitet hatte, dass Schokolade für Hunde schädlich sei.

Noch einmal das Ganze umgekehrt, bei Rückenwind. Nelli merkte, dass er sich produzieren durfte, als ich zum ersten Startpunkt fortging, und diesmal rief ich zum Start so laut ich konnte „Nelli-i, Nellilein komm her – Leckerli!“ Nach 7 Sekunden fing ich ihn auf und horchte sein Herz ab, per Ohr natürlich, und glaubte ein Orchester lauter Pauken und Trompeten zu hören, das „Allegro fortissimo“ spielte, zu „Allegro maestoso“ und allmählich zu „Allegro con brio“ überging und mit „Andante“ und „Largo“ auszuklingen drohte – tatsächlich war Nelli am Ende seiner Kräfte, aber er starb nicht!

Bei Zweitens waren Nelli und ich allein unterwegs, wie das schon öfter vorgekommen war. Er lief rechts neben mir und wenn ich zu langsam fuhr, schonte er sein rechtes Hinterbein und lief dreifüßig. Anhand des Kilometerzählers steigerte ich allmählich die Geschwindigkeit und beobachtete dabei sein Verhalten. Bei „50 Sachen“ blieb er allmählich zurück, holte bei 55 noch einmal auf, brach dann das Mitlaufen ab und „haute“ sich vollkommen fertig auf die Straße. Sein Blick auf mich sagte klar und eindeutig: „Verzeih mir, ich kann nicht mehr.“ Ich setzte mich auf einen Baumstamm und nahm ihn auf den Schoß, wollte ihm zu trinken geben – er verweigerte. Das war der Punkt, wo wir Menschen sagen „mir ist alles scheißegal!“ (Und wo unser Herz stehen bleiben kann.) Ein Eichhörnchen kam näher und nahm mir ein paar Brotbrocken aus der Hand – es hätte „normalerweise“ diese Frechheit nicht überlebt, denn Nelli jagte diese Flitzer mit Begeisterung. Er blieb mir trotz aller Querelen zugetan, denn ein Tier weiß ja nicht – was man immer bedenken sollte – über unser Tun und Lassen Bescheid.

Zu Drittens ist zu sagen, dass DD-Hunde die eigentlichen Langstrecken-Läufer der Tierwelt sind. Sie sind so schnell wie Hasen, aber ausdauernder und fassen fast jedes Tier, hinter das sie sich gesetzt haben. Jetzt saß Herrchen im neuen Käfer und fuhr voraus, statt DD „Baron vom Hütten-Moor“ wie sonst mitfahren zu lassen, und dem machte es nichts aus, mit hechelnder Zunge und flatternden Ohren ein normales Tempo mitzuhalten. Sein Herrchen erzählte mir, in Alaska gesehen zu haben, wie drei Wölfe einen wehrhaften Elchbullen fünf Stunden im gelinden Trab verfolgten, „bis dieser total aus der Puste war und sich reißen ließ“.

Die Fotos und Zeichnungen

Die Fotografien mit Leica, Panasonic und Canon zeigen am häufigsten Porträts. Ohne dass ich sie nach Rasse und Namen identifiziere und bestimme. Stattdessen habe ich sie mit Zitaten, Gedichten, Witzen, Aphorismen und anderen Äußerungen berühmter Männer und Frauen, zum Teil Zeitgenossen, versehen. Denn dieses ist kein Hundebuch, sondern zeigt einen Teil der Mitbewohner unserer Städte und Dörfer, wie sie mir vor die Kameras liefen oder wie ich sie anlockte. Ich machte eine ganz neue Erfahrung mit Tieren, seitdem ich nicht mehr Auto, aber E-Mobil fahre: Sie suchten meine Bekanntschaft, diese Hunde auf den Bauernhöfen, und als voraus oder hinterher laufende Mitspaziergänger, sie waren wie besessen, fotografiert zu werden, und ihre Herrchen und Frauchen auch – meistens: „Wer hat Ihnen erlaubt, meinen Hund zu fotografieren!“ „Schnucki mag das Blitzlicht nicht!“ „Kriege ich ein Bild oder nicht?“ „Ja, wenn er Internet-Anschluss hat.“ „Wofür arbeiten Sie, doch nicht für die Presse!“

Die meisten Zeichnungen: Sie stammen aus „Illustrirtes Thierleben“ von Alfred Edmund Brehm des Jahres 1864, die Robert Kretschmer, 1818 bis 1872, für dieses Werk gezeichnet hat.

Es werden auch Schicksale von Hunden vorgestellt, berühmte und von mir mit treuen Vierbeinern erlebte. Denn lange Jahre meines mittleren Alters habe ich in der Landwirtschaft verbracht, wo damals so von 1945 bis 1954, auf jeder Hofstelle ein Hund Wache hielt oder zwei Hunde sich diese verantwortungsvolle Aufgabe teilten. Ich habe überall dafür gesorgt, dass aus Kettenhunden freilaufende oder an einer langen Laufleine sich bewegende Hunde wurden – und wurde mit lebenslänglicher Freundschaft belohnt. „Lebenslänglich“ ist leider für Hunde eine viel kürzere Zeit als bei uns Menschen. Wir wollen noch kurz die Lieblinge der Deutschen namentlich nach ihrem Rang auflisten:
American Staffordshire Terrier
Labrador Retriever
Miniature Bull Terrier
Bull Terrier
Französische Bulldogge
Rottweiler
Staffordshire Bull Terrier und
Cavalier King Charles Spaniel.

Also „Auf-auf zur fröhlichen Hundeschau!“

Kluge Zitate über kluge Hunde

Wenn du einen verhungernden Hund auflíest und ihn gesund pflegst, wird er dich nicht beißen. Das ist der Unter-

schied zwischen Hund und Mensch. (Mark Twain)
Hunde beißen mich nie – nur Menschen. (Marilyn Monroe)
Ich habe drei gefährliche Hunde: Undankbarkeit, Stolz und Neid. Wenn sie beißen, hinterlassen sie eine tiefe Wunde. (Martin Luther King)
Was Gott den Menschen ist, ist der Mensch dem Hund. (Frank Wedeking)
Ein Hund spiegelt das Familienleben wider. Wer hat einen verspielten Hund in einer düsteren Familie oder einen traurigen Hund in einer glücklichen gesehen? Knurrende Menschen haben immer knurrende Hunde, gefährliche Menschen haben gefährliche Hunde. (Arthur Conan Doyle)
Wundern muss ich mich sehr, dass Hunde die Menschen so lieben – denn ein erbärmlicher Schuft gegen den Hund ist der Mensch. (Friedrich Hebbel)
Der Hund ist der sechste Sinn des Menschen. (Friedrich Hebbel)
Der Hund ist die Tugend, die sich nicht zum Menschen machen konnte. (Victor Hugo)
Kein Zweifel, der Hund ist treu. Aber sollen wir uns deshalb ein Beispiel an ihm nehmen? Er ist doch dem Menschen treu und nicht dem Hund. (Karl Kraus)
Wundern darf es mich nicht, dass manche die Hunde verleumden – denn es beschämt zu oft leider den Menschen der Hund. (Arthur Schopenhauer)
Ein Knochen für den Hund ist keine Wohltätigkeit. Nächstenliebe ist der Knochen, der mit dem Hund geteilt wird, wenn Sie genauso hungrig sind wie der Hund. (Jack London)
Wenn ein Hund dabei ist, werden die Menschen gleich menschlicher. (Hubert Ries)

Es ist nicht die Größe des Hundes im Kampf – es ist die Größe des Kampfes im Hund. (Mark Twain)
Hunde sind besser als Menschen, weil sie wissen, aber nicht zählen. (Emily Dickinson)
Der Hund stößt zuweilen ein heiseres, asthmatisches Heulen aus. Hunde müssen ihre Gedanken aussprechen. (Eduard von Keyserling)
Viele Menschen wissen von ihren Hunden nicht mehr, als was sie gekostet haben. (Horst Stern)
Ich liebe meine Hunde, deren Bellen ich aus der Ferne unterscheiden kann und deren Humor ich genauso vorhersagen kann wie sie. Meine Hunde und die von anderen sind keine Menschen. (Antonio Gala)
An der Leine fängt der Hund keinen Hasen. (Sprichwort)

Der Deutsche Schäferhund

Es ist hier nicht möglich, alle Hunderassen auch nur flüchtig zu erwähnen, es muss eine ausgesucht werden und als Beispiel stehen. Der Begriff „Rasse" drückt ja schon aus- und wir haben bereits erwähnt, dass Rassen sich paaren können, Arten aber nicht. Außerdem steht fest, dass unser Hund vom Wolf abstammt und der dem Wolf ähnlichste ist. So wollen wir ihn uns vornehmen – was nicht schwer fällt!

Wer dieses tut, kommt um den Begriff „Zucht" nicht herum. (Die Begriffe „Zucht und Ordnung" sind im gewissen Sinn verwandt).
„Als Zucht", schreibt ein Lexikon, „wird in der Biologie die kontrollierte Fortpflanzung mit dem Ziel der genetischen Umformung bezeichnet. Dabei sollen gewünschte Eigenschaften (des Objekts) verstärkt und unerwünschte

durch entsprechende Auslese unterdrückt werden… Wesentliche Voraussetzung ist (heute) die Kenntnis der Mendelschen Regeln und der quantitativen Genetik...“
Eine Zwischenbemerkung: „Weder Mendel noch seine Regeln gab es zu der Zeit, als die Römer sich daran machten, aus dem zahmen Wolf ihren diesem sehr unähnlichen Molosser zu züchten.“
„...Herkömmliche Zuchtverfahren der Kreuzung und Paarung sind in ihren Möglichkeiten der Genkombination begrenzt...“
Wir müssen noch die juristische Definition erwähnen:
„Zucht: Vom Menschen kontrollierte Fortpflanzung von Tieren durch gemeinsames Halten geschlechtsreifer Tiere verschiedenen Geschlechts, gezielte Anpaarung oder das Heranziehen eines bestimmten Tieres zum Decken oder durch Anwendung anderer Techniken der Reproduktionsmedizin.“ Das Wort „Zucht“ entspricht dem mittelhochdeutschen *zühter* und bedeutet ursprünglich Lehrer oder Erzieher.

Der Deutsche Schäferhund ist eine gegen Ende des 19. Jahrhunderts entstandene anerkannte Hunderasse. Seine Vorfahren sollen auf kurzhaarige Rassen von Hütehunden aus Deutschland zurückgehen. Diese kamen damals in vielen Teilen Europas vor und hatten nicht nur die Aufgabe, den Schäfern bei den Herden zu helfen, sondern auch sie, ihr Hab und Gut und die Schafe zu bewachen und notfalls zu verteidigen. Weil sie sich gut bewährten, dachte niemand daran, diese Rasse durch Zuchtauswahl noch zu verbessern.

Außer Max von Stephanitz, 1864 bis 1936, der von diesem Hund so begeistert war, dass er 1898 von einem Frankfurter Züchter den dreijährigen „Hektor Linksrhein“ kaufte und ihn auf „Horand von Grafrath“ umtaufte. Dieser bekam den ersten Eintrag ins Zuchtbuch des Vereins für Deutsche Schäferhunde; später folgte ihm sein Bruder „Luchs Sparwasser“ nach, so dass beide die Stammväter der meisten deutschen Schäferhunde wurden.

Es ist am Schluss dieses Artikels zu fragen, wie vor Tausenden von Jahren aus dem Wolf „ganz andere Hunde“ wie Molosser und Mastiffs herausgezüchtet wurden? Die bekannteste Züchterin von Molossern soll Olympias, die Mutter Alexanders, gewesen sein. Hunde, die in der damaligen Welt Kostbarkeiten waren und teuer gehandelt wurden. Als die Römer im Jahr 55 v. Chr. in Britannien landeten, lernten sie die abartig und klotzig aussehenden Mastiffs kennen, welche mit ihren breiten Mäulern wahrlich wie die Vorfahren „Wölfe“ und die Nachfahren „Schäferhund“ aussahen.

Auch muss die Legende ausgeräumt werden, dass die beiden genannten antiken Hunde „Kampfhunde“ gewesen seien – dieser Begriff besagt ja, dass sie an Kämpfen teilgenommen hätten; freilich waren sie „Kriegshunde“ mit der Hauptaufgabe, das Lager und den Tross zu bewachen – man kann sich vorstellen, dass manchem Spitzbuben aus der ansässigen Bevölkerung beim Anblick solcher Hunde die Lust am Klauen und Plündern vergangen ist.

Ich habe einige Geschichten mit Deutschen Schäferhunden erlebt, die nicht zu seinen Gunsten sprechen, welche ich aber hier bringen möchte. Wie kann eine kleine Hausmaus einen solch großen Hund erschrecken, dass er nichts mehr von ihr und ihnen, den Mäusen wissen will. Das kam so. Winnetou, so sein Name, war jung aus der Stadt aufs Land gekommen und lernte dort Tiere kennen, die in Großstädten eher selten sind: Pferde, Bullen, Kühe, Eber, Ziegen- und Schafsböcke, andere Hunde, die nicht das feine Benehmen von Stadt- oder Gesellschaftshunden führten und beinahe dorthin pinkelten und kackten, wo‘s ihnen gefiel.

Der Hof, der Winnetou als Erbteil zufiel, wurde bereits von einem meiner Nellis bewacht, und dieser musste nun den Neuling als Konkurrenten ansehen. Kaum dass sie sich leicht knurrend kennengelernt hatten, da eröffnete Nelli den Bruderkrieg mit Zähnefletschen und Knurren, was sein Gegenüber als Aufforderung zum Tanz oder sonstigem Mitmachen auffasste und erst einmal seinen Rachen präsentierte und eine Doppelreihe prächtiger gepflegter Zähne zeigte. Nelli fiel nichts anderes ein, als in die Offensive zu gehen: Er warf sich unter Winnetou und biss ihn mit aller Kraft „seines“ Gebisses in die Klöten. (Ich habe später so ein Verhalten kleiner Hunde gegenüber großen öfter beobachtet). Winnetou stimmte ein Geheul an, das ältere Leute an die letzten Kriegswochen erinnerte, als alliierte Tiefflieger Höfe, ihr Vieh und pflügende Gespanne beschossen. Dann, als Nelli abließ, schoss Winnetou in einem Tempo davon, das ihn in einer halben Stunde fast bis Lengerich brachte – dort blieb er und wurde hier nie mehr gesehen.

Sein Artgenosse Harras reagierte ähnlich, als er, ein unermüdlicher Ausgräber von Waldmäusen (*Apodemus sylvaticus*), ein Nest freigrub und ihn die todesmutige Mutter von sechs Jungmäusen ansprang und mitten in die Nase biss. Auch jeder Mensch wäre in solcher Lage zurückgeschreckt, zumal die Maus beim entsetzten Kopfschütteln Harras‘ nicht losließ, aber ein Geheul anzustimmen, dass der Mann im Mond sein Gehör verschloss, war doch wohl übertrieben! Schließlich ließ die Mäusemutter von Harras ab und verschwand im Loch – ich beobachtete zehn Minuten später, wie sie ihre Kinder, eines nach dem anderen, unter einen Stoß Brennholz zu verstecken suchte – ich war schon bewährter Mäusekiller und verließ sie ungeschoren und in hoher Anerkennung. Harras killte in seinen noch zehn Lebensjahren keine Maus mehr.

„Mein“ Lehrhof in Ringel bekam feinen städtischen Sonntags- und Verwandtenbesuch, und Chef WW plus Hofhund Trabant bauten sich nahe am Mercedes auf, um ihn zu begrüßen. Als von den hinteren Sitzen alle ausgestiegen waren, schaute Trabant noch einmal neugierig nach, vielleicht hatte seine empfindliche Nase etwas registriert. Jedenfalls brach Kater Figaro das Gastrecht, fühlte sich auch wohl in die Enge getrieben und sprang, an allen vier Füßen die Krallen ausgefahren, ihm voll und ganz ins Gesicht. Oh weh – das war ein biblisches Heulen und Zähneklappern! Trabant verließ, die Katze noch am Kopf, die sich dann löste, das Auto, rannte auf die geöffnete Dielentür zu und Sekunden später hörte man aus der Küche sein Geheul, der Mamsell Aufschreie und dann ein Tellerklirren und Bersten von Kaffeekannen – die anschließende Ruhe beruhigte nicht: Denn das geplante Kaffeetrinken und Kuchenessen konnte erst eine Stunde später stattfinden. Aus seinem Versteck in der Besenkammer kam Trabant erst hervor, als der Besuch abgefahren war:

„Danke, es war sehr nett bei euch, Kaffee und Kuchen waren lecker...“

Ein tüchtiger Schäferhund-Held war Kafka aus Lienen. Er war von Frauchen für eine Woche Vollpension mit der Versicherung abgegeben worden, „das ist der größte Mäusefänger der Welt- und Hundegeschichte“ – was zu beweisen war! Die Gelegenheit kam, als am nächsten Tag das letzte Stück Roggenfeld abgeerntet werden sollte, das nur deswegen noch stand, weil ein Dauerregen jeden Ernteversuch verhindert hatte. Bei der letzten Begehung war festgestellt worden, dass hier eine „Mäuseexplosion“ in Sachen Vermehrung stattgefunden hatte. Wo man ging und stand: Sie wuselten herum wie Ameisen im Nisthaufen, über ihnen kreisten Mäusefresser wie Bussarde, Falken, Graureiner, Störche und Rabenkrähen, alle Füchse der Region schienen sich hier versammeln zu wollen und selbst Fasane
hackten auf ihnen herum und sie in Stücke.
„Lasst uns zur Ernte“, schlug ich vor, „alle verfügbaren Hunde sammeln, und wir rotten diese Mäusebrut aus.“
Zehn Hunde von Nellis Größe bis zum genannten Kafka kamen zusammen und traten an. Die von zwei Pferden gezogene Mähmaschine fuhr um das Feld herum und engte damit den Lebensraum der Mäuse immer enger zusammen. Die versuchten nun zu der Seite zu entkommen, wo ein kleiner Wald am nächsten und durch einen Graben getrennt war. Es war schon erstaunlich zu sehen, in welcher Ordnung die Mäuse ihn zu queren versuchten – ein schwimmender, lebender Teppich bewegte sich da. So entkamen Tausende von ihnen.

Die meisten Mäuse versuchten die Flucht ins offene

Feld und auf einer Wiese. Schade, dass niemand die folgende Situation im Film festgehalten hat: Wohl 50 bis 80 Mäuse pro Quadratmeter schoben sich voran und wurden von 5 Bussarden, einem Dutzend Turmfalken, 10 Habichten, 5 Sumpfohreulen, anderen Eulen, die den Tag zur Nacht gemacht hatten und einer Schar von Hunden jeder Rasse angegriffen. Ich beobachtete Kafka, dem schon zwei Mäuse „durchs Maul“ gesprungen waren, der jedoch 12 bis 15 aufgegessen hatte. Da fing er an zu husten, eine Vorstufe zum Kotzen, mit dem er alle verschlungenen Mäuse in einem runden Ballen wieder auskotzte. Fing er sich neue? Nein – nein, danke! Er schlang den Ballen herunter, würgend und sich schüttelnd, schluckte erneut und kotzte auch wieder – allerdings nur die Hälfte; so ging‘s noch viermal, bis alles vom Magen (dankend?) angenommen wurde. Ich muss gestehen, dass ich noch nie solch Ekelhaftes, doch Natürliches gesehen habe.

Kafka war lernfähig: Er kaute die Mäuse jetzt durch, ehe er sie schluckte und schied damit als Weltmeister der Mäusefresser aus. Nelli und viele kleinere Hunde, vor allem Dackel, auch Teckel und Dachshunde genannt, waren längst ermüdet und ruhten sich aus. So war klar, dass hier die meisten Mäuse durch Menschenfüße den Tod fanden: Mit einem Holzschuh Größe 43 bis 48 konnten alle Beteiligten und Helfer in einem Tritt 5 oder 8 Mäuse platt machen. Allmählich und in unvorstellbarer Geschwindigkeit lösten sich die Mäusekolonnen in einzelne Gruppen oder Familien auf, nun auch, weil die meisten ihrer Fressfeinde pappsatt waren. Kafka, der Schäferhund, schlief unter einem Apfelbaum und wurde durch Fallobst auf seinen übervollen Bauch geweckt.

Von Ausrottung der örtlichen Mäusepopulation konnte keine Rede sein. Die Evolution reagiert auf solche Ausnahmefälle mit erhöhter Zeugung, ähnlich so wie bei uns Menschen, indem wir uns nach Kriegen und Seuchen, dem 30-jährigen Krieg etwa oder der Pest, fleißiger als sonst der Vermehrung widmen.

* * * * * *

Die eben erwähnte Evolution! Wie hat sie „Meister Lampe", unseren Feldhasen, dazu bringen können, seinen Sitzplatz auf einem Wiesenpfahl nicht zu verlassen? Die etwaige Frage, „was sucht ein Hase auf einem Pfahl" ist hier leicht zu beantworten: Um keine nassen Füße zu kriegen. Denn durch tagelange Regenfälle und Wasserzufuhren der Entwässerungsgräben war der hiesige Bullerbach über sein Ufer getreten und das Land weitum überschwemmt. Hasen haben zwar wie alle Säuger manchmal Durst und finden dann auch immer etwas zum Trinken, aber baden? Außerdem machten Überschwemmungen das Äsen = vegetarisch Essen unmöglich. Der Hunger kniff im Hasenmagen und mit einem guten Sprung auf den Pfahl entzog sich Meister Lampe der nassen Welt.

Aber irgendwie muss Hofhund und Wächter Isegrim nach Wolfsart mitbekommen haben, wer da oben saß und fror. Immer schon hatte Isegrim versucht, während sein Herrchen mit beiden Pferden pflügte, die dann aufgestöberten zu packen und ordentlich durchzubeuteln = zu schütteln, doch gelang ihm dies nur bei jungen Hasen. Er fand es seltsam, dass sie plötzlich aus vollem Lauf heraus „nicht mehr vorhanden waren", das kam aber nur dann vor, wenn sie einen ihrer bekannten Haken = eine scharfe Kurve schlugen oder sich in einer Furche = Pflugrille im Acker drückten = sich dünne machten. Dann übersprang Isegrim sie manchmal, ohne es zu bemerken.

Bevor ich meinen Plan, Isegrim zu helfen, ausführen konnte, kam mir ein Gedanke, der dem Hasen das Leben rettete: Wenn ich mich ihm näherte, würde er unweigerlich ins Wasser flüchten und dem Hund zum Opfer fallen. Das wollte ich nicht. So sah ich weiterhin zu, wie Isegrim hoch sprang, wütend bellte, am Pfahl hochzuklimmen versuchte und auch sonst allerlei Unsinn vollführte. Spätestens in einer Stunde, wenn er sein Mittagessen vermisste, würde er heimkommen. So geschah es dann auch. Er war kaum bei mir, als der Hase in hohem Sprung ins Wasser setzte und, mit allen Vieren paddelnd, einem Gebüsch zuschwamm, das mit seinen leichten Erhebungen einige trockene Stellen bot. Und was ich kaum glauben konnte: Isegrim erinnerte sich nach dem Stillen seines Hungers des Hasen und beeilte sich, den Pfahl zu erreichen...

Schäferhündin Krimhilde, geschwängert von Schäferhund Siegfried, war keine Heldin wie ihre Namensgeberin, sondern das Gegenteil von ihr: Wenn sie nur einmal etwas zum Beschützen und Ablecken hatte – zum Beispiel ich. Beschützen? Ja, als ich einmal zum Eingang einer Luftwaffen-Kaserne ging, Krimhilde an der Leine, und fragen wollte, ob sie Bilder des von Richthofen an den Wänden hängen hätten und ein Wachmann mit Siegfried an der Leine mir das Weitergehen verbot. Wir kamen in ein angeregtes Gespräch, weil der Wachmann meinte, „so‘n Kerl kennt

doch heute keener mehr, Helden sinn nich jefragt“ - da hatten sich die beiden Hunde bereits geeinigt und sich gepaart. „Au Deibel“, sagte der Wachmann, ein Unteroffizier der Bundesluftwaffe, „wenn dat mein Hauptmann erfährt.“
„Der erfährt nichts“, versprach ich.
Warum dieses Wortvorspiel? Weil sich Krimhildes Charakter seit ihrer Hochzeit so gut wie augenblicklich veränderte. Kann man „mütterlich“ steigern auf mütterlicher und am mütterlichsten? Ausnahmen bestätigen Regeln: Krimhilde, früher Katzen-, Ratten-, Eichhörnchen-, Hermelin- und Mäusejägerin sonder- = ohnegleichen, evolutionierte sich in Behüterin der Genannten in weniger als 24 Stunden. Da traf ich sie auf ihrem Schlaf- und Lieblingsplatz unter der schattig-sonnigen Wallhecke am Stamm eines Eichenbaums. Und mit wem spielte sie, wer spielte mit ihr? „Allerlei Gesindel“, dem sie früher im Ruckzuck den Garaus gemacht hatte: Halbstarke Eichhörnchen, die zum ersten Mal ihren Kobel = Nest in der Eiche verlassen hatten; junge Waldmäuse, die unter Naturschutz stehen und allerliebst hüpfen und springen können, und zwei Kaninchen von nebenan, die ihre Zitzen suchten – Bilder und Szenen, die Paul Eipper für sein Buch „Dich ruft Pan“ dringend gebraucht hätte.
„Warum?“, fragte ich mich, „habe ich immer das Glück, derartiges zu beobachten und dann keine Kamera zur Hand zu haben?!“
Als ich zu nahe kam und husten musste, ging ein Ruck durch alle Besucher Krimhildes – weg waren sie!

* * * * * *

Auf dem Wochenmarkt, den ich der Hundeschau wegen besuchte, traf ich eine ältere Tierfreundin namens Franziska, welche ihren gummibereiften Handkarren von einer schwarzbraunen Schäferhundmischlingshündin ziehen ließ. Diese hatte zwar ein professionelles Geschirr an, aber sie, ihre Herrin offenbar, führte sie an der Hand. Ihr Karren war ziemlich stark mit Kartoffeln, Fleisch, Kohlrabi und Steckrüben gefüllt, so dass ich sie ansprach:
„Ich hoffe, Sie haben einen Aufzug im Haus."
„Warum hoffen Sie das, junger Mann?"
„Weil ich Ihnen dann nicht helfen muss, die Sachen in die Wohnung zu bekommen – Sie haben offenbar viele Mäuler zu stopfen."
„Wo kommen Sie her, mein Junge, dass Sie von einem Aufzug sprechen! Mäuler ja, da haben Sie gut geschätzt: 8 Stück, mich und Härri inklusive", sie zeigte auf den Hund, der mich unverwandt anstarrte, „die alle ordentlich Schmacht haben und den Hals nicht vollkriegen können, eine verfressene Rasselbande nämlich."
Mir schwante plötzlich, dass sie nicht von Menschen sprach.
„Kann es sein?", fragte ich erwartungsvoll, „dass Sie 6 Welpen zu Hause haben und jetzt für sie einkaufen?"
„Erraten, bist ein helles Köpfchen!"
Ich übernahm nun das Du: „Dann möchte ich dir helfen, die Sachen in die Wohnung zu schaffen und deine Hunde kennenzulernen."

Das geschah tatsächlich. Bisher, in meiner Rolle als Hundefreund, hatte ich mit jungen Hunden wenig zu tun gehabt. Erster Stock oder Hochparterre eines Altbaus, der den Krieg unversehrt überstanden hatte. Ein Garten von

500 Quadratmeter Größe rundete das für Hunde ideale Grundstück ab. Dort konnte auch der Hundekarren in einem Schuppen abgestellt werden. Härri lief uns voraus und als sie an der Wohnungstür ankam, erschallte aus der Wohnung ein Kinderlärm, der sich wie atonale Musik aus dem Radio in voller Lautstärke anhörte.
„So werden Härri und ich“, sagte Frau Franzi Müller, die sich inzwischen als solche vorgestellt hatte, „jedes Mal empfangen – und meine Mieter können nichts dagegen einwenden.“
Damit hatte sie mir mitgeteilt, wem das Haus gehörte und dass sie keine arme Frau war. Für ihren Einkauf hätte sie fünfmal hin und hergehen müssen, „wenn mir kein Mieter hilft, aber jetzt bist du da.“
Ich musste dreimal gehen – nun, was soll‘s!

Die meisten Hundebesitzer glauben und sagen, „in meiner Wohnung riecht es nicht nach Hund“, und irren sich! Wenn jemand sieben Hunde in einer Etagenwohnung hält, irrt er sich natürlich nicht, weil er selbst nach Hund duftet. Ich bin nicht pingelig bei Haustieren, aber jetzt wusste ich, dass ich hier nicht essen würde – selbst wenn es Bienenstich oder Kartoffelbrei mit Soße geben würde. Als ich mich verabschiedete, drückte sie mir 100 Mark in die Hand, ich sagte „kann ich brauchen, will mir noch was für die Kamera kaufen“, und sie sagte „möchte hier am liebsten verkaufen und aufs Land ziehen mit meinen Hunden“ – eine Bemerkung, die noch Folgen haben sollte.

So etwas hatte ich vor einigen Tagen doch schon gehört! Aber eben nur umgekehrt – da wollte jemand vom Land in die Stadt ziehen und sein Eigenheim nebst Garten verkaufen. Dunnerlittken! Ich kehrte um und erklärte Franziska den Sachverhalt. Sie geriet „außer Häuschen“ und beauftragte mich, der Sache nachzugehen.

„Doch bin ich“, warf sie ein, „wegen des Verkaufs des ganzen Hauses sehr skeptisch…“

„Dann verkaufen Sie doch die einzelnen Wohnungen als Eigentum, das ist heute ‚in‘ und bringt auch mehr Zaster ein“, und auf ihr verwundertes Gesicht fügte ich hinzu, „Knete, Moos, Piepen, Schotter und dergleichen mehr.“

„Manometer“, antwortete sie begeistert, „wenn das hinhaut, kriegste von mir die Briefmarkensammlung meines unseligen Mannes, ehrlich und basta!“

Es haute hin. Wo Franziska jetzt wohnt, ist die Welt ein Hundeparadies Erster Klasse, und ihres nicht seligen Mannes Sammlung verhalf mir zu einem „Kamera-Paradies“ allererster Klasse...

Hundeberufe und Berufshunde

Damit haben wir den Übergang zu Hundeberufen, die früh anfingen und heute noch bestehen, geschafft. Trotz der Überschrift wollen wir bei Amateurhunden bleiben. Was tun Hunde gerne, ob an der Leine oder auch freilaufend? Nun, jeder Hundefreund weiß das:

1.) Spuren verfolgen mit der Nase am Boden.

2.) Sich geduldig das Wispern der Mäuse und Nagen der Ratten anhören.

3.) Katzen ans Rennen bringen.

4.) Auf den Postboten warten und diesen dann verbellen.

5.) Gewöhnliche Radfahrer jagen.

6.) Sich in Nässe und Dreck wälzen, wenn Herrchen es nicht sieht.

7.) Geflissentlich nicht hinhören.
8.) In der Guten Stube den besten Platz belegen.
9.) Aber auch, das Baby im Kinderwagen bewachen, und
10.) den Verstand verlieren und Gefahren missachten.

Für einige dieser zehn Punkte hat der Autor passende, teils traurige Ereignisse zusammengetragen.
Zu Punkt 1: „Wer an einem Gewässer wohnt, hat auf seine Kinder besonders aufzupassen“ - das war sicher schon bei den alten Germanen so. Max und Moritz, 4 und 5, sie hießen tatsächlich so, hatten zu Weihnachten je ein Dreirad bekommen. Vom Hof bis zum Dortmund-Ems-Kanal war‘s eine Klacksache, auch für Anlernlinge wie sie, die Straße war asphaltiert, führte zur Gemeindestraße, die längs des Kanals verlief, und nach wenigen Tritten der vier kleinen Füßchen hielten sie an der Böschung an, den Kanal unter sich. Der lag ruhig da, denn Eis, das sie kannten, hatte den Schiffsverkehr lahmgelegt…

Hofhündin Regina, deren Mann Rex altersbedingt im Wohnzimmer schlief, wurde unruhig, als sie die Kinder nicht fand, die sie fristgerecht mit Karamelle und Waffeln zu versorgen pflegten, und lief, die Nase auf dem Boden, ihren Spuren nach. Sie fand natürlich die Dreiräder, bellte rufend und beroch dann auf dem Eis eine Einbruchstelle. Ob sie dachte, wie jeder Mensch in dieser Lage, war nicht sicher – jedenfalls gab sie in ihrer Sprache so etwas wie Alarm. Den hörte zuerst Rex, der erwachte und antwortete, dann in einer Minute bei ihr war. Das gemeinsame Gebell vernahmen zwei Radfahrer, sie hielten an, betrachteten die Hunde, die Dreiräder und das Loch im Eis… Es ist wohl nicht notwendig, die Geschichte literarisch fortzusetzen!

Zu Punkt 10: Der Inn kann zahm wie ein Rinnsal sein, doch wenn im Frühjahr das Wasser aus den Bergen kommt, wird er ein reißender, tatsächlich alles mitreißender Strom. Die hier fragliche Familie, bestehend aus Ehepaar, drei Kindern von 6, 8, 10 und Rauhaardackel Fippsi, 7, wusste das, denn sie ging fast täglich den Innweg entlang. So auch am letzten Sonntag im März.
„Der Fluss ist so breit und tief", stellte Vater fest, „dass selbst ein Papenburger Dampfer hier fahren könnte."
Fippsi bellte zustimmend und beäugte interessiert einen Baumstamm, der torkelnd, sich drehend und aufbäumend „den Fluss befuhr". Wie von einer frühen Hornisse in den kleinen Hintern gestochen „brauste" er los, die Böschung hinab und mit dem weitest möglichen Sprung ins Wasser. Im Nu war er jeder Eigeninitiative enthoben. So erging es auch „Vater", der sein Jackett abwarf und mit dem Doppelruf „Fippsi – Fippsi" in den Fluss hechtete…

Vier Tage später, nach der Beisetzung, konnte sich der 6-jährige nicht enthalten, von seinem „depperten Vater" zu sprechen. Dieser war am nächsten Wehr gefunden worden, Fippsi blieb für immer vermisst.

Zu Punkt 3: „Katerles" Vorstellungswelt war voller Feinde, nur sein Zuhause nicht, wo er selbst sowohl Schrecken verbreitete = Ratten und Mäuse dezimierte, als auch Trost und Freude spendete = lieb und nett war. Doch alle vier Wochen bekam er seinen Ranter = Koller und musste nach draußen. Wo Jagdhunde wie „Heiner vom Stevertal" stöberten und im Auftrag der Jägerschaft die Reviere katzenfrei hielten. So sorgte Katerle dafür, immer irgendeinen

Baum in greifbarer Nähe zu haben, etwa fünf bis zehn Sprünge entfernt, eine Strecke, die er in Sekundenschnelle zurücklegen konnte. Da aber tauchte plötzlich DD = Deutschdrahthaar auf, wenig originell Dede genannt, eine Neuanschaffung des neu angeschafften Revierförsters Kirchner – er hatte dafür zu sorgen, dass die Neuansiedlung des Auerwildes klappte.

Heuer war ein Mäusejahr, ein Zustand, den die Evolution sich manchmal leistete, „um kleine Raubtiere“ nicht zu vernachlässigen. Und Katerle hatte alle Tatzen voll zu tun, dem entgegenzuwirken. Wenn er nach drei aufgegessenen Mäusen satt war, biss er die nachfolgenden einfach ins Genick und ließ sie liegen – die Natur ist nämlich die größte Beisetzerin der Erde!

Ein letzter Blick auf die kleinen Leichname – da, ein Hecheln! Wenn ein guter DD auch gelernt hat, lautlos zu jagen, dann bezieht sich das aufs Bellen oder anderes Lautgeben. Ein mittelgroßer Hund, der „mit siebzig Sachen“ einherkommt, kann nicht lautlos sein. Katerle blieb keine Zeit zum Überlegen, er setzte zum Spurt an zum nächsten Apfelbaum, erreichte ihn und war schon in Kopfhöhe eines Menschen, als Dede zum letzten Sprung ansetzte und sein Gebiss in Katerles Rückenpartie vergrub. Dessen Todesschrei war unbeschreibbar – deshalb unterlasse ich die Beschreibung. Er „klebte“ noch am Stamm, als er schon tot war, und Dede baumelte an ihm, bis sie beide zu Boden fielen – Dede wurde belobigt, Katerle liegen gelassen für Füchse, Wildschweine und andere Beseitiger.

Zu Punkt 5: Da geht‘s nicht so dramatisch zu und es gibt keine Toten. Was tun, dachte Neugymnasiast Meyer Zwo, als er jeden Morgen beim Durchfahren des Dorfes zum Bahnhof von frisch erwachten Hunden angefallen und schon zweimal in Hosen und Schuhe gebissen wurde? Die Antwort gab ihm des verstorbenen Großvaters ehrwürdiger Krückstock von anno 1900, der an der Garderobe hing und auf Einsätze wartete. Er war nach der Art gearbeitet, die der „Alte Fritz“ von Preußen bevorzugte, also mit waagerechtem, nicht rundem Handgriff. Respektlos kürzte Meyer Zwo den Stock unten um fünfzehn Zentimeter, so dass er ihn quer über den Lenker legen und wahlweise links oder rechts zuschlagen konnte. Nächsten Montag war Premiere, als er wohl bewaffnet zum Bahnhof fuhr. So lernte des Dorfes Hundewelt zum ersten Mal Kopf-, Gehirn-, Zahn- und Lefzengrimmen kennen und das Verbot, in den laufenden Verkehr einzugreifen.

Dass Hunde sich zur Kooperation mit Menschen entschlossen, war eigentlich ein kluger Schachzug und brachte den Menschen mehr Vorteile als ihnen, den Hunden. Zum Beispiel konnte man in kalten Nächten des Nordens oder des Winters, als es noch keine Behausungen gab, fein und nett zusammenkriechen und sich wärmen. Es ist erwiesen, dass Haus- und Hofhunde gute Müllbeseitiger waren und heute noch in Elendsquartieren den Kindern die Kacke unterm Hintern auffressen. Sie selbst, diese Hunde, wurden in Hunger- und Notzeiten von ihren Herrchen, Frauchen und deren Nachwuchs natürlich aufgegessen. Bei allen gemeinsamen Tätigkeiten ist den Menschen aufgefallen, welch gute Wächter, Aufpasser, Jäger und Verteidiger Hunde sein konnten, was zur Folge hatte, dass sie Mitglieder der Familie und Clans wurden. Während Knechte, Mägde und andere Arbeitnehmer anfingen, die Hände aufzuhalten, machten Hütehunde, Hirtenhunde, Zughunde und schützende Hunde ihre Arbeit ein Leben lang ohne Lohnerhöhung und oft gegen einen Tritt in den Hintern.

Inzwischen haben unsere Hunde neue Aufgaben übernommen, die mit der Veränderung unseres Alltags in Verbindung stehen: Es gibt Drogenhunde, Therapie- und Epilepsiewarnhunde, Blinden- und Führhunde. Manche Hunde sind für dieses, andere für jenes geeignet, man nennt sie alle Arbeitshunde. Namentlich sind zu nennen Setter und Münsterländer wegen ihrer guten Nase für die Jagd, Schäferhunde und Rottweiler zur Bewachung, Collies und Shepherds zum Herdenschutz. Wer gut riechen kann und gerne spielt, ist als Spür- und Rettungshund geeignet, Bernhardiner und Neufundländer retten bei Lawinen und im Wasser. Andere Rassen sind auf Trümmer und Verschüttungen spezialisiert, unser Deutscher Schäferhund, wie erwähnten es schon, scheint der geborene Polizeihund zu sein – ich werde später von Schäferhunden das Gegenteil behaupten, das ich selbst erlebt habe!

„Therapiehunde" werden nicht auf Einzelpersonen fixiert, auch wenn sie ein Herrchen haben, sondern auf ihre Aufgabe an verschiedenen Personen. Auch in „Rabauken-Klassen", die früher aus Bewohnern fragwürdiger Stadtteile bestanden, kann ein Schulhund Wunder wirken, weil er das Klassenklima positiv beeinflusst. Man muss das erlebt haben: Ein „schwacher" Lehrer betritt eine Klasse und einige Schüler kümmern sich kaum um ihn – führt er aber einen gehorsamen Neufundländer an der Leine, kann man sicher sein, dass Ruhe einkehrt oder sich Bewunderung mit Begeisterung einstellen.

Alle Hunde-Spezialausbildungen sind teuer und langwierig. Die Ausbildung zum Herdenschutzhund dauert mindestens zwei Jahre, drei Jahre für einen Rettungshund, Spürhunde für den Zoll kommen mit 12 bis 18 Monaten aus, die Ausbildung zum Blindenhund ist für die meisten Blinden ohne Beihilfe nicht bezahlbar, dazu kommt das Problem, dass ein Blinder meistens bedeutend länger lebt als sein Führhund.

* * * * * *

Folge man einmal mir und Blindenhund Seppel durch eine Großstadt. Das war vor über 50 Jahren, seitdem hat sich auch auf diesem Gebiet der Therapie vieles verändert. Es war natürlich so, dass Seppel den Weg zum Einkaufen und einem Arztbesuch kannte und nur auf Zurufe zu reagieren brauchte. Aber Ampeln kannte er, befolgte ihre Anzeige braver als mancher Schüler, der es wohl eilig hatte und auch die Zeichen der Verkehrspolizisten, die es damals noch gab. In einem großen Supermarkt, dem ersten der Stadt, befahl der Blinde nur „Kartoffeln, Brot, Trinken, Äpfel“ und so weiter, und Seppel führte ihn in den Bereich, wo er das Richtige ertasten und in die Tragetasche stecken konnte. Das Bezahlen geschah folgendermaßen: Der Blinde gab Seppel das Portemonnaie zwischen die Zähne, dieser steuerte zur Kasse und ließ es sich abnehmen. Inzwischen hatte der Blinde die Ware aufs Band gelegt, wo man sie erst in eine der Tüten packte und dann in den Rucksack des Blinden verstaute – alles unter den prüfenden Blicken Seppels. Inzwischen auch hatte sich Seppel das Geld aus dem Maul nehmen lassen, die Kassiererin entnahm die

Summe und rechnete ab, tat das Wechselgeld ins Portemonnaie und schob dieses Seppel ins Maul. Dieser ging zurück und übergab es seinem Herrn. Man merkte kaum, dass hier ein Behinderter bedient wurde. Kinder schauten stumm-fasziniert zu, wagten aber nicht, Seppel anzufassen. Als ich mich am Schluss unseres Spazier- und Einkaufsweges von Seppel und seinem Herrn verabschieden wollte, tat Seppel so, als ginge ihn das alles wenig oder nichts an – er entließ mich, nicht ich ihn! So sind diese Hunde ganz und gar auf ihre Arbeit ausgerichtet.

Erste historische Nachweise über Führhunde gibt es aus dem 15. Jahrhundert, wo es in einer behördlichen Bettelordnung heißt:
„Es soll in Zukunft kein Bettler einen Hund haben oder aufziehen, es sei denn, er wäre blind und brauchte ihn."
Zweihundert Jahre später gab es schon gültige Dressurmethoden für Blindenhunde. Immer mehr erblindete Soldaten waren ab 1917 auf deutschen Straßen zu sehen. Ein öffentlicher Bericht vom April 1918 meldet:
„Die seit Anfang November in Abrichtung stehenden Blindenhunde, darunter Rottweiler und Schäferhündinnen, führen die Blinden ganz sicher an allen Hindernissen vorüber. Sie halten beim Überschreiten der Straße sofort an, wenn ein Fuhrwerk, Straßenbahn oder Radfahrer sich zeigt. Sie machen sofort halt, wenn eine Treppe oder Bordstein zu ersteigen ist."
Schon damals fügte man an, „dass es wohl kaum gelingen wird, allen Blinden dieser Welt einen Führhund zu geben."

Was ist ein Maschinengewehrhund? Antwort: Eine Abart

des Kriegshundes, welche in Belgien erfunden wurde. Zwei Hunde hatten einen mit Gummi bereiften zweirädrigen Karren zu ziehen, der mit einem MG = deutsches Maschinengewehr bestückt war. Die verantwortlichen Militärs waren der Meinung, dass mit ihnen schneller ein Stellungswechsel vollzogen werden kann und dass ein Hundegespann im Kampfgebiet weniger sichtbar sei und nicht sogleich unter Feuer genommen werden konnte. Weil man aus Zeitgründen die Hunde kaum ausgebildet hatte, bewirkten sie nichts unter den deutschen Soldaten.

„Waidmanns- oder Weidmannsheil!“

In meinem „Vorgängerbuch“ „Homo anonymus“, das meinen Werdegang beschreibt, habe ich anklingen lassen, dass ich am liebsten Revierförster, Oberförster oder gar mehr geworden wäre – es hat nicht sollen sein und ich bin jetzt froh darüber: Heutige Förster haben mehr mit Holz als mit Tieren zu tun! Dennoch halte ich guten Kontakt mit ihnen und den Jagdinhabern, denn sie erlauben es, oder auch nicht, ob man in ihren Revieren fotografieren darf.
„Stell dich gut mit ihren Hunden“, riet ein Fachmann, „dann hast du gewonnen.“
Ich denke, dass ich dieses geschafft habe.

„Eine Treibjagd!“ „Ist nicht ganz mein Ding!“, dachte ich, lehnte aber nicht ab, weil ich an die fotografischen Möglichkeiten dachte. Was gibt‘s bei solch einer Veranstaltung zu fotografieren?
1.) Fasanenhahn wird in der Luft abgeschossen.
2.) Feldhase flüchtet zu Fuß so schnell er laufen kann.
3.) Rebhühner, sonst mehr hör- als sichtbar, erheben sich

gruppenweise in die Luft und werden aus allen Rohren beschossen,
4.) Meister Reineke, der Fuchs, glaubte, sich in den Stoppelrüben „drücken“ zu können, aber zwei Hunde nahmen ihn so in die Zange, dass ihre Herrchen nicht schießen konnten.
5.) Feldhase rennt auf mich zu. Vielleicht erkannte er den Unterschied zwischen Teleobjektiv und Jagdgewehr, und die Herren und Damen ließen ihre Gewehre sinken – noch sind Nichtjäger nicht zum Abschuss freigegeben.
6.) Ein Fasanenhahn rannte, nicht flog um sein Leben, und ehe ihn einer der Hunde „hochmachen“ konnte, ließ er sich ins benachbarte Runkelrübenfeld fallen. Und
7.) eine Bache = weibliches Wildschwein = hier Mutter von Frischlingen = wilde Ferkel, 6 an der Zahl, hatte sich auf dem Acker eine Kuhle gewühlt und dort Deckung genommen, bis zwei Hunde sie stellten und sie und ihre Sippschaft zum Laufen in den nächsten Wald brachten. Sie war tapfer und geschickt und warf beide Angreifer hoch in die Luft – aber sie wäre verratzt gewesen, wenn sie, und nicht ihre Kinder, zum Abschuss freigegeben worden wäre.

Erklärungen zu den sieben Punkten.
Zu 1.) Flugwild wird nur im Flug geschossen.
Zu 2.) Hasen dürfen nur im Lauf geschossen werden.
Zu 3.) Rebhühner sind Flugwild…
Zu 4.) Erklärt sich von selbst.
Zu 5.) Ebenso.
Zu 6.) Siehe Punkt 1!
Zu 7.) „Es ist besser, junge Wildschweine zu schießen“, war vorher verkündet worden, „um die Bestände kurz zu

halten, als ihre Mutter.“

Meine Fotoausbeute war nicht schlecht: Fliegende Fasane und Rebhühner, galoppierende Hasen, laufende und hechelnde Jagdhunde und „im Feuer“ sich überschlagende Frischlinge. Ich hätte im folgenden Schüsseltreiben = gemeinsames Essen, noch eine Eroberung machen können: Eine junge Dame, im Jagddress besonders anziehend aussehend, interessierte sich für mich, weil ihr Jagdhund „Felizitatis“ es tat und „er gute Menschen von anderen klar unterscheiden konnte“.
„Ich bin kein Anhänger von Treibjagden“, erklärte ich etwas barsch, „und plädiere mehr für Ansitze und das Pirschen mit Hunden.“
Felizitatis nickte zustimmend, ihre Herrin nicht...

Das Wandern ist des Hundes Lust – das Wandern

„Das kann ein guter Hund nicht sein,
dem niemals fällt das Wandern ein, das Wandern…
Er hat nicht Ruh‘ bei Tag und Nacht,
ist stets auf Wanderschaft bedacht, das Wandern...“
Dieser neue Text zur alten Melodie fiel mir ein, als ich mich zum ersten Mal im Tierheim vorstellte und versuchte, einen Hund zu finden, der mich auf der Wanderschaft begleiten konnte. Denn eine weite Wanderung sollte es sein, zwar nicht jene, die frühere Handwerksgesellen hinter sich brachten – aber immerhin: der Hermannsweg durch den Teutoburger Wald. Für einen Stadtjungen, der nicht einmal 5 Minuten Gehweg zum Arbeitsplatz hat, eine gehörige Strecke. Ich hatte mich über die Etappen und Schwierigkei-

ten schon schlau gemacht, konnte keinen zweibeinigen Begleiter finden und suchte nun einen Vierbeiner.

Die Heimleiterin kannte mich und ließ mich gewähren. So schlenderte ich die Reihe der Käfige entlang, verteilte an jeden Hund ein Salino, (gut auch für Hundemägen), und sprach jeden Hund nett und familiär an. Sie verfolgten mich mit gierigen Augen und hofften wohl auf das große Los ihres Lebens.

„Wenn du mit einem spazieren gehst“, sagte Frau Schwickerat, „darfst du ihn auch verkaufen – das Geld gehört dir, wir sind nur darauf bedacht, die Tiere loszuwerden.“

Das Heim lag am Kanal, auf dessen ehemaligem Treidelweg man gut gehen konnte. Drei von 15 Hunden schieden aus, weil ich ihnen den Hermannsweg nicht zumuten konnte, doch zum Testen waren sie geeignet: Pudeldame Roswitha, Dackelherr Roderich und Mops Teuto. Ich bedachte Roswitha mit einem Spekulatius und ließ sie mir an der Leine aushändigen. Sie war gut „ausgebildet“ und gehorchte auf jeden Zuruf wie „nicht zerren“, „bei Fuß gehen“ und „Pinkel dich aus“. Sie kannte den Kanalweg besser als ich und wusste den Radfahrern behände auszuweichen. Nach einem Kilometer fanden wir eine Bank und Roswitha besetzte sie dank der langen Leine eher als ich. Das beobachtete ein weiterer Radfahrer und hielt an. Er setzte sich zu uns und so wurde die Schachtel Spekulatius schnell leer.

„Ist das Ihr Hund?“

Diese Frage hatte ich insgeheim erwartet und bereitete die Lüge vor.

„Ja, ich wollte ihn noch einmal ausführen und dann im Tierheim dort verkaufen.“

„Und was soll er kosten?“

„Fünfzig Piepen."
„Hier sind sie."
Gesagt – getan! Roswitha lief neben dem Fahrrad und drehte sich nicht mehr um.

Ich gab der Heimleiterin 25 DM und äußerte meinen Wunsch, einen starken, lauffreudigen, ausdauernden, gehorsamen und treuen Hund für eine Wanderung zum Hermannsdenkmal zu mieten. Sie führte mich zu einem Käfig, dessen Besitzer mir schon aufgefallen war, weil seine hellen Augen mich nicht nur treuherzig, sondern auch vertraulich angesehen hatten: Rottweiler „Ariadne auf Naxos", kurz Ari genannt.
„Geben Sie mir den Schlüssel."
„Sie wollen da rein?"
„Klar, was sonst!"
Außen hing Aris lederne, sogar kostbare Leine, die ich demonstrativ an mich nahm und dann die Tür aufschloss.
„Komm, Ari, spazieren gehen!"
Er kam bei Fuß und ließ sie sich anlegen. So kam eine Kurzfreundschaft zustande, die erst bei den Externsteinen ein Ende fand, wo auch eine neue begann…

* * * * * *

Ari und ich, wir folgten den Ratschlägen zur Wanderung, die ich im Internet ausbaldowert hatte, begannen sie aber statt in Rheine in Tecklenburg. Ich teile sie hier wie angegeben in Tageswanderungen, so genannten Etappen auf. Vorerst, ehe es losgeht, bin ich des Lobes voll – wie man so schön sagt, und beglückwünsche mich zum Glücksgriff, den ich mit Hündin Ari gemacht habe. Als ich sie dem neu-

en Besitzer überließ, brach mein musikalisches Talent unter Tränen durch:
„Ich hatt‘ eine Kameradin - eine bess‘re find‘st du nit...“
Doch nun zur Wanderung! Es war Mitte Mai und ein Hoch war angesagt. Wir hatten uns nach Tecklenburg bringen lassen und stiegen dort nun aus, Ari vorsichtshalber an der Leine. Für alle, die den Hermannsweg nicht kennen, hier eine kurze Einführung. Er zieht sich durch eine historische Landschaft, den *Saltus Teutoburgiensis* des römischen Schriftstellers Tacitus, und war früher bewohnt von den Cheruskern, einem Stamm der Germanen, der den Römern das Laufen lehrte und dessen Häuptling Arminius heute hier als Hermann bezeichnet wird. Der Weg durch Höhen und Tiefen, Wälder und Felder beginnt in Rheine und ist überall durch ein weißes H auf schwarzem Grund gekennzeichnet. Und zwar so deutlich, dass mein Begleiter schon am zweiten Tag mir den Weg weisen konnte. Die erste Etappe, die wir nicht mitmachten, führt bis Hörstel. Die zweite, die wir uns ebenfalls ersparten, geht bereits über einen Kammweg bis nach Tecklenburg. Auch die Dörenter Klippen mit dem Felsmassiv „Das hockende Weib“ besuchten wir nicht und ließen uns von Bekannten in die Ortsmitte von Tecklenburg bringen. Ab der dritten Etappe, also unsere erste, begann eine nicht leichte Wanderung gen Süden direkt über eine Autobahn mitten in die Natur. Für diese Strecke wie für fast alle anderen Etappen ist gutes Schuhwerk empfohlen und ebenso gute Kondition. Ich glaubte sie zu besitzen und sah mit Erstaunen, dass Ari eine bessere besaß.

Also jetzt **Etappe drei.** Sie ist etwas über 20 Kilometer lang und schwankt in der Höhe zwischen 310 und 350 Me-

ter. Der Weg führt nicht nur durch Wald, so dass man bei guter Sicht Münster und die Baumberge sehen kann. An der bekannten Waldschenke hinter den Kalksteinen von Lengerich kehrten wir erstmals ein; das heißt, Ari hielt einfach bei den ersten Tischen an und legte sich unter einen der Tische; wobei der Kellner ein Gesicht zog und riet, „ihn dort am Papierkorb anzubinden".
„Mein Hund ist genauso ein Gast wie ich und ich bestelle für ihn mit."
Das genügte ihm, zudem Ari ihn mit ihren Augen anglühte.
„Für den Hund Kartoffelpüree mit Fleischklößchen und einen Napf Wasser, für mich Schnitzel mit Soße und Karotten und eine große Cola."
„Sehr wohl, mein Herr und Hund. Darf ich fragen, wohin Sie wollen?"
„Den ganzen Hermannsweg machen."
„Dann kann ich Ihnen als Übernachtung den Hof meiner Eltern namens Peterjan am Ortsausgang von Bad Iburg empfehlen, hier ist meine Karte, die Sie beide empfiehlt."
„Danke, das fängt ja gut an."
Als wir aßen und tranken, Ari ebenso manierlich wie ich, blieben viele Leute stehen und bewunderten Ari, nicht aber mich. Nach dem Essen durchwanderten wir Iburg und fanden den Hof sofort. Inzwischen war es 19 Uhr geworden und wir wurden zum Abendessen auf der Veranda eingeladen. Der Gastgeber untersuchte in meinem Auftrag Aris Pfoten und konnte nichts Auffälliges erkennen.

Überhaupt muss ich jetzt einfügen, dass Ariadne ein vorzüglicher Reisebegleiter war und ich überlegte, wer von uns beiden Begleiter oder Führer war. Wir übernachteten ab 22 Uhr in einem der kleinen Bungalows auf dem Hofge-

lände. Ich stellte fest, dass Ari die Tür von innen öffnen konnte, wenn sie nicht abgeschlossen war – so konnte er „müssen", wenn er musste. Am Morgen packte uns der Bauer ein Fresspaket und äußerte den Wunsch, Ari zu erwerben.
„Wenn", antwortete ich, „erst auf dem Rückweg."
„Abgemacht?"
„Abgemacht!"

Etappe vier. Von Iburg nach Borgholzhausen. Sportlich ging's weiter die nächsten 30 Kilometer! An Waldrändern entlang, durch Wälder mit und ohne Aussichten. Das Iburger Mittagessen wurde an einem Tisch verzehrt, den wir gegen 13 Uhr erreichten und den Ari als Rastplatz auswählte. Ich hatte gar keine Zeit, mich über meine Kondition zu wundern, denn ich musste immer wieder Aris bewundern. Wenn ich ihn lobte, kannte seine Liebe zu mir keine Grenzen, und so durften Wanderer zusehen, wie wir uns auf dem Waldboden balgten oder Wettrennen um starke Bäume machten. Hier lernte Ari, aus der Flasche zu trinken, wenn ich sie ihm fachgerecht hinhielt. Wir übernachteten in einem Dorfgasthof, wo man keinen Anstoß daran nahm, wenn ein Hund mit aufs Zimmer kam.

Etappe fünf bis Bielefeld. Diese Stadt ist nichts für Wanderer, die zu Fuß ankommen und weiter wollen. So nahmen wir ein Taxi, nachdem ich etwas für uns eingekauft hatte, und ließen uns bis zum nächsten Startpunkt in Richtung Oerlinghausen bringen.
Etappe sechs. Es geht leichter weiter, was ich daran erkannte, dass Ari einen leichten und eleganten Trab ansetzte

und sich immer wieder besorgt umschaute, wenn ich wegen des Fotografierens stehen blieb. Er bestieg mit mir sogar den ehemaligen Bismarckturm und schaute sich dort von oben die Landschaft an. Bis Oerlinghausen sind es nur 15 Kilometer.

Etappe sieben. Der Namensgeber des Weges schaute uns bereits an. Wir hatten nicht vor, ihn in seinem Inneren zu besteigen, auch wenn Ari sehr interessiert in halbe Höhe lauschte: Von dort bellte ihn nämlich ein Hund an, ein Rottweilerherr! Wie wär‘s, dachte ich spontan, wenn ich die schöne Ariadne schwängern ließ, ehe ich sie abgab? Können sich Hunde wie wir „auf der Stelle verlieben“? Können sie – wie ich und der Halter des anderen Rottweiler prompt erfuhren. Denn kaum war „Hallodrie“ aus dem Hermann abgestiegen, als er, seinem Herrn die Leine aus der Hand reißend, auf Ari, welche ich hier frei laufen ließ, hechelnd zu schoss und, was mich sehr verwunderte, mit ihr in einem wahnsinnigen Wettlauf im angrenzenden Wald verschwand.

„Sie heiraten jetzt“, sagte der Mann anzüglich zu seiner Begleiterin, „und ich bitte Sie“, er meinte mich, „wenn es einen Wurf Junge gibt, uns einen oder zwei zu überlassen.“

„Sie, Ariadne“, antwortete ich, „gehört mir dann nicht mehr, aber ich gebe Ihnen die Anschrift des neuen Besitzers.“

Das klappte später, wie ich jetzt schon mitteilen möchte.

Etappe acht, vom Hermannsdenkmal zu den Externsteinen, 20 Km. Mir wurde inzwischen schummerig, wenn ich an den Abschied von Ariadne dachte. Sollte und konnte ich sie behalten? Nein! Es ging ins Eggegebirge, und am Rand eines großen Teiches, in den sich Ari sogleich stürzte, ragen die berühmten Steine steil in den Himmel. Niemand weiß genau, wozu sie gut sind und was sie einmal darstellten – ein Heiligtum gewiss. Ich prüfte auf einer Bank noch einmal Aris Läufe und Pfoten: Es ging ihm wie mir selbst: Sie waren gewachsen und muskulöser geworden, jedoch hatte es keine Blasen und andere Unpässlichkeiten gegeben.

Finale grande. Doch das Ganze noch einmal zurück? Nein danke! So mietete ich in Leopoldstal einen Leihwagen und eine Stunde später brummten wir auf den Hof Peterjan. Bemerkte Ari meine, unsere Absichten? Es schien so, denn sie wollte den Wagen nicht verlassen. Erst als ich das Haupthaus betrat, denn wir waren natürlich zum Abendessen eingeladen, kam sie nach. Mein Gewissen rasselte vor dem Verrat, den es nun begehen musste. Der Besitzer hatte den Wagen zum Hinterhof gefahren, von wo aus ich ungesehen das Besitztum verlassen konnte. Nachdem ich das Geld, nämlich 100 Euro, kassiert hatte, „die Hälfte bekommt das Tierheim“, verließ ich das Esszimmer ohne „Tschüss, liebe Ariadne auf Naxos“ zu sagen, ging hinten hinaus, stieg ein, gab Gas und verließ sie verräterisch und hinterrücks ohne Blick zurück.

Doch ich hörte und sah noch von ihr: Als sie vier Junge geworfen hatte, welche, den Fotos nach, die entzückendsten Hundekinder der Welt waren - „Tschüss, Ariadne **von** Naxos...“

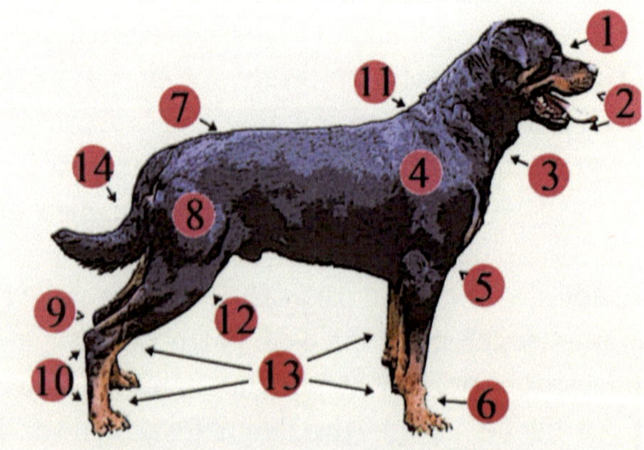

1. *Stop* (Absatz zwischen Stirn und Nase)
2. *Fang* (Maul, Schnauze mit Lefzen)
3. *Wamme* (Kehle, Kehlhaut)
4. *Schulter*
5. *Ellbogengelenk*
6. *Vorderfuß*
7. *Kruppe* (Hinterteil, dort höchster Punkt)
8. *Keule* (Oberschenkel und Hüftgelenk)
9. *Sprunggelenk* (Hinterfußwurzelgelenk)
10. *Hinterfuß*
11. *Widerrist* (höchster Punkt der Schulter)
12. *Kniegelenk*
13. *Läufe* (Beine mit Pfoten)
14. *Rute* (Schwanz)

Der Hund und seine Anatomie. Quelle: Mit freundlicher Genehmigung von Wikipedia.

Römischer Soldat mit einem Kampfhund. Diese haben in Schlachten nicht viel erreicht, ähnlich wie die Elefanten Hannibals.

Altägyptische Jagdhunde mit Führer.

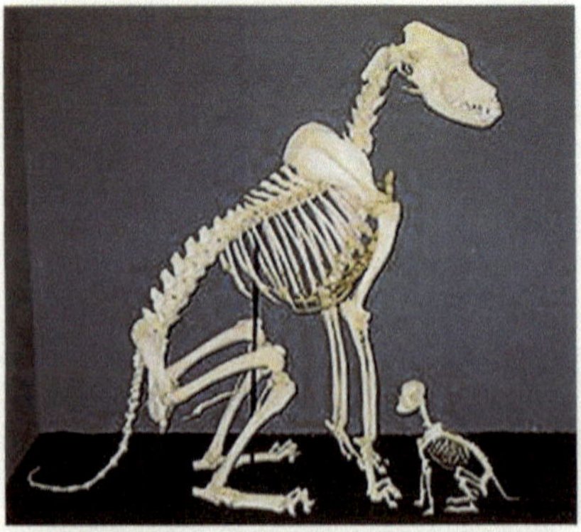

Hundedarstellungen im Skelett, bei der Jagd und mit Humor.

Zweimal „lustige Hunde,
unten der Autor mit
E-Mobil und Freund.

Der Wolf, unten, und seine Abstammungen

„Schattenrisse von Hunden“

Hunde und der Humor

Das ewige Hundegrab

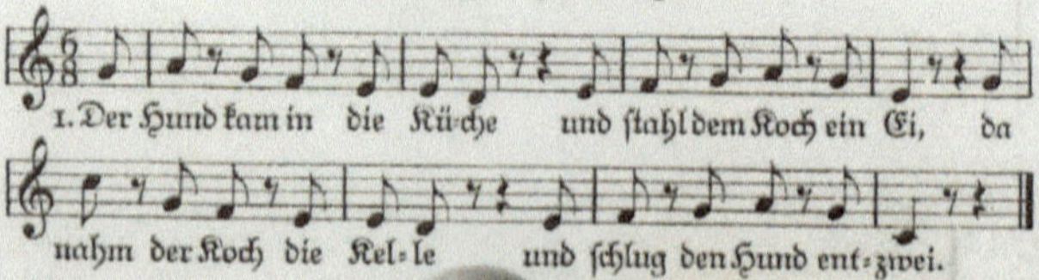

Ein Hund kam in die Küche
und stahl dem Koch ein Ei.
Da nahm der Koch den Löffel
und schlug den Hund zu Brei.

Da kamen alle Hunde
und gruben ihm ein Grab.
Und setzten ihm ein Grabstein,
worauf geschrieben stand:

Ein Hund kam in die Küche....

1.) **„Da liegt der Hund begraben."** Diese Redewendung hat folgenden Ursprung: Als der treue Hund „Stutzel" starb, ließ ihn seine Herrin in einen Sarg legen und auf dem normalen Friedhof beisetzen. Doch der Pfarrer ließ ihn wieder ausgraben und in Winterstein verscharren: Anno 1660 „Ward ein Hund hie her begrawen das in nicht fressen die Rawen".

2.) **„Die Stimme seines Herrn – His Masters Voice."** Der Name und das zugehörige Logo gehen auf den Maler Francis Barraud zurück, der 1898 seinen Hund Nipper beim Lauschen eines Edison-Phonographen gemalt hatte. Dieses Logo wurde sehr populär.

Denkmal des Hundes Stutzel 1

2

Familienleben mit Hunden bei den Eskimos

Captain Max von Stephanitz

Max von Stephanitz organisierte das Stammbuch des Deutschen Schäferhundes

Ferdinand Sauerbruch sagte von sich selbst: „Wir haben immer Hunde im Haus gehabt.“

Oben und Mitte: Bei Wilhelm Busch kommt der Spitz in Verdacht, Hühner gestohlen und aufgegessen zu haben

Unten: Eine nette Illustration von Freundschaft

Friedrich der Große liebte „Windspiele“, da werden
diese auch gekochte Kartoffeln gegessen haben

„Ein Herz für Hunde“

Die LVM-Münster hatte schon immer ein Herz für Hunde

Titelbild einer Hundebiogafie

Oben links: So stellte ein Zeichner das Leben Deutscher im Krieg dar. Oben rechts: Zeichnung eines Sanitätshundes. Unten links: Amerikanische Propaganda. Unten rechts: Sanitätshund und sein Führer

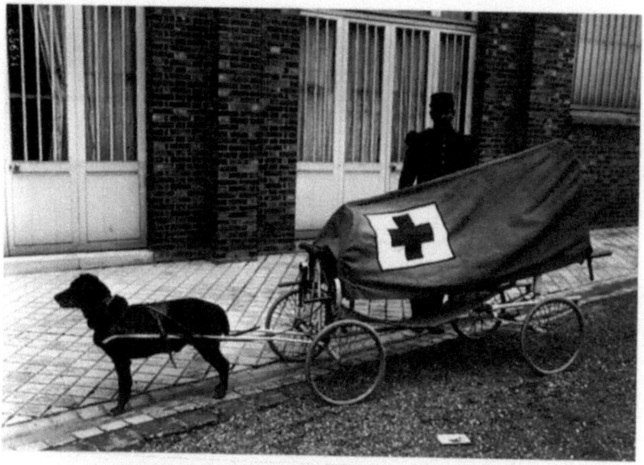

Hund im Dienst des Roten Kreuzes, 1914/1918

Freundschaft mit Diensthunden, 1914/1918

Ein französischer Sanitätshund trauert am Grab eines gefallenen Kameraden

Unten: Rotarmisten mit Hundekarren zum Transport Verwundeter

Unten links: Oberleutnant Bodenschatz mit seinem Maskottchen

Unten rechts: Denkmal für den deutschen Kriegshund in Aschaffenburg

Satire: „Wenn Hunde die Macht im Rathaus übernehmen"

Zweimal der Autor mit seinen Freunden

Geselliger Ausflug
zu Fünft

Aus Moldawien: ein Satz
Briefmarken

Hundeschule bei gutem Wetter ohne Lehrer und Halter. Warum Hundeschulen? Nun, Langeweile ist der Feind des Freundschaftsverhältnisses zwischen Mensch und Tier. Und ein Hund, der nicht „pariert“, (gehorcht), ist kein Freund des Menschen. Wie man hier erfahren kann, lernt der Hund gern, und das nicht nur wegen der Belohnungen. Wenn er ausgebildet ist, erübrigt sich später und zu Hause jeder „Wortwechsel“ – „Nur ein braver Hund ist ein lieber Hund!“

Oben: Gruppenbild mit Hunden und meist Frauchen, der Autor in ihrer Mitte, (mit Mütze). Unten: Diese nette Fotografin nahm ihm die Leica aus der Hand und vertrat ihn.

Mit Frauchens Hilfe oben und unten zügig, allein nur zögerlich, Bild Mitte.

Barry – der größte Hunde-Held aller Zeiten

Die Titulierung „der größte“ ist nicht wörtlich zu nehmen, denn sie bezieht sich nicht auf Größe und Gewicht. Heutige Bernhardiner haben ein Gewicht von 100 Kg und eine Widerristhöhe von 80 bis 90 Zentimeter. Barry war ein Kind seiner Zeit – 1800 geboren, 1814 gestorben – und wog nur 50 Kg bei einer Widerristhöhe von 54 Zentimetern. Nach seinem natürlichen Alterstod wurde er präpariert und im Naturhistorischen Museum zu Bern ausgestellt, damit, wie es hieß, „dieser treue Hund, der so vielen Menschen das Leben rettete, nach seinem Tod nicht vergessen wird“. Um sein Leben ranken sich viele Legenden, auch bewusste Lügen sind dabei, die heutzutage leicht entlarvt werden können.

Richtig sind die Berichte, welche von der heldenhaften und ruhmreichen Arbeit der Bernhardiner zeugen. Sie erleichterten den Bergführern die Arbeit, welche im Auftrag der Chorherren des Hospizes die Wege abgehen mussten, die im Winter kaum begehbar waren, und trugen dabei auch Lasten, die sonst Menschen hätten tragen müssen. Mit ihrem tiefen aber in den Bergen weit klingenden Gebell zeigten sie an, erschöpfte oder verirrte Reisende gefunden zu haben – Rettungshunde eben! Über 30 Jahre nach Barrys Tod fand der Theologe und Professor für Philosophie Peter Scheitlin eine Beurteilung Barrys, die den Tatsachen entsprach, legendenhaftes ausließ und die wir hier in Auszügen bringen möchten:

„Barry, der heilige auf dem St. Bernhard. Ja, Barry, du höchster der Hunde, du höchster der Tiere! Du warst ein großer sinnvoller Menschenfreund, mit einer warmen Seele für Unglückliche. Du hast mehr als 40 Menschen das Leben gerettet. Du zogst, mit einem Körblein Brot und einem Fläschchen süßer, stärkender Erquickung am Hals, aus dem Kloster in Schneegestöber und Tauwetter Tag für Tag, ein Wohltäter zu suchen Verschneite, von Lawinen Bedeckte, sie hervorzuscharren, oder im Fall der Unmöglichkeit schnell nach Hause zu rennen, damit die Klosterbrüder mit dir kommen mit Schaufeln und dir graben helfen. Du bist das Gegenteil von einem Totengräber. Du machst Auferstehen. Du musst, wie ein feinfühlender Mensch, durch Mitgefühl belehren können... Das ist der Segen der guten Tat, dass sie fortwährend Gutes muss gebären. Was wäre aus dir geworden, wenn du ein Mensch gewesen wärest? Ein heiliger Vincenz, ein Stifter von hundert barmherzigen Orden und Klöstern..."

Nach Barrys Tod wurde der Name unter den Hospizhunden immer wieder neu vergeben. Im Hundefriedhof von Asniéres-sur-Seine wurde für Barry 1899 ein Denkmal errichtet. Von der blumigen Sprache eines Geistlichen kehren wir jetzt zur sachlichen Sprache eines bekannten Grünrocks zurück, der 1914 den Soldatentod suchte und fand: Hermann Löns!

Terrier Widu

Es waren drei schottische Schäferhunde, ein gelber Weimaraner Vorstehhund, ein weißer Setter, ein eisengrauer Wolfspitz und ein schwarzer, rotgebrannter Teckel. Sie balgen sich um Knochen und trockene Brotrinden und sahen dem feinsten Zigeuner mit hasserfüllten Augen nach, denn sie waren überall zusammengestohlen. Einzig und allein ein junger Terrier war nicht unter dem Wagen. Zwei

Mädchen zerrten ihn hin und her und wollten ihn eben ins schlammige Wasser werfen, da kamen drei berittene Gendarmen an und machten der Tierquälerei ein Ende. Der junge Terrier namens Widu (wie du) kam in eine Försterei, wurde ausgebildet und mauserte sich als beim Wild gefürchteter Jagdhund.

Man machte sich lustig über sein schwarzweißes Aussehen:
„Was ist das eigentlich für ein Gemüse?“
„Sieht ja aus wie eine Kreuzung zwischen Handtuch und Kolkrabe.“
„Ist wohl so‘n englischer Rattenfänger oder Aapenpintscher oder sonst so‘n besserer Gutestubenhund.“
„Kann wohl sein“, antwortete der Revierförster, „denn Ratten fängt er ausnehmend gut – ob er aber auch Aapen = Affen pintscht, das weiß ich nicht.“
Von diesen Leuten wurde Widu in die Gesellschaft aufgenommen und musste nun das tun, was einem Terrier die meiste Freude macht: als Jagdhund tätig sein.
„Der wird gut“, sagte der Förster, „er hat Schweineverstand.“

Auf die ging es nämlich, als Widu zum Sammelplatz mitgenommen wurde. Dort machte er dann doch große Augen, als er die Versammlung der Hunde sah. Diese kannten Treib- und Drückjagden und begleiteten die Jäger, welche Jagdhörner bliesen, mit ihrem Geheul. Da wussten auch die wilden Schweine, welche Stunde schlug – für einige von ihnen gewiss die letzte. Widu wusste zunächst nicht, wie ihm zumute war, als er geschnallt = losgelassen wurde und mit den anderen Hunden ins Gebüsch stürmen durfte.

Jagen, jagen, endlich wieder jagen! Wo sind diese Schwarzkittel? Hier waren sie plötzlich. Und da ist eine grobe Sau. Drauf und dran! Und jetzt knallt es schon. So kam es, dass Widu im Lauf der nächsten Zeit vier so genannte Hofjagden mitmachen konnte. Und so kam es auch, Draufgänger riskieren manchmal zu viel, dass er einmal unter einen mächtigen Keiler geriet, dem zwar auch schon das Jagdmesser in den Rücken gestoßen war, der ihm aber vorher zwei handfeste Schmisse versetzt hatte – in den Schnee floss Widus helles Lungenblut, er streckte sich und war tot.

„Schade, ein so edler Hund. Aber auch ein edler Tod. Dafür gebührt ihm ein Denkstein."

Am Fuß der Eiche, wo Widu den tödlichen Schlag empfing, grub man ihm das Grab, dessen Stein eine Wolfsangel aufweist und ein Wort: „Widu"...

Sonderbeitrag „Baska und ihre Männer"

Vorab die Beantwortung der Frage „Warum Sonderbeitrag"? Ganz einfach aus einigen Gründen.

1.) Baska, eine Hündin, ist einer der berühmtesten Kriegshunde im Einsatz an der Ostfront – wir wollen ihre Leistungen hier keinesfalls mildern, wenn wir sie nur bruchstückhaft schildern.

2.) Das Buch von 1975, ISBN 3 877 25 076-9, schildert gleichzeitig den Einsatz des SS-Sturmbataillons 500 im Russlandfeldzug. Und die Schilderung des Einsatzes dieser Männer dort möchten wir unter allen Umständen vermeiden.

3.) Der Ton des Autors Ingo Petersson, der zahlreiche Kriegsbücher verfasst hat, verfängt heutzutage nicht mehr, und wir zählen uns nicht zu jenen, die Gefallen an ihm finden.

Also bleibt es dabei, Baskas Kriegsleben mitzuteilen – mehr nicht! Wir listen es der Kürze halber auf.

1.) Ein deutscher Soldat bekommt die Wolfshündin Baska von einem Russen geschenkt, weil er anständig zu dessen Familie gewesen ist.

2.) Sie lernt nun jeden einzelnen Soldaten des Bataillons kennen, weil sie alle nett zu ihr sind.

3.) Bei Einsätzen an der Nordfront in der Nähe Leningrads beginnt sie, sich stets in der Nähe ihres Herrchens zu halten.

4.) Sie wird zunehmend wilder und scheint zu begreifen, worum es geht und dass Russen ihre Feinde sind. Sie rettet Herrchen das Leben, indem sie einen russischen Offizier anspringt und ihm die Kehle aufreißt.

5.) Sie lernt, russische Spähtrupps und einzelne Horchposten zu überfallen, so dass sich die Verluste des Bataillons verringern.

6.) Baska erhält das EK II., das Eiserne Kreuz zweiter Klasse.

7.) Sie wird mit dem Infanterie- und Verwundetenabzeichen geehrt.

8.) Bei Störung des russischen Nachschubs hört sie die Züge eher kommen als „andere“.

9.) Sie meldet Feindflugzeuge durch Knurren an.

10.) Bei Erkundungsvorstößen hält sie mit den besten Läufern Schritt.

11.) Bei Beschuss wirft sie sich in Granattrichtern in Deckung.

12.) Sie hört ankommende schwere Brocken = Granaten.

13.) Sie nimmt russische Überläufer in Empfang und führt sie nach hinten.
14.) Betätigt sich auch als Meldehund hin und zurück.
15.) Ist sie verwundet worden, so eilt sie zum Sanitäter und hält dann mehr still als ihre „Kameraden“.
16.) Sie zieht einen verwundeten russischen Kommissar aus einem Gebüsch.
17.) Sie spürt Verwundete auf, die sonst erfroren wären.
18.) Sie ist bei der Jagd auf Partisanen besonders erfolgreich.
19.) Sie spürt ein verstecktes russisches MG-Nest auf,
20.) wird dabei erschossen und mit den anderen Gefallenen beigesetzt.
„Ein Hundeleben in zwanzig Punkten...“

„Alcmène.“

Sie war als muntere „Windspiel“-Hündin der Liebling des Hunde-, aber nicht Menschenfreundes König Friedrich II. von Preußen und durfte sich alles erlauben, das Zweibeinern in Sans-souci untersagt war: Sich auf Sesseln und Betten lümmeln, Gartenbeete zerkratzen und ihre Küttel und Pinkel hinterlassen, wo sie wollte – ihr Name entstammt der griechischen Mythologie und bedeutet „die Starke“. 1785 wurde sie „die Schwache“, wie der König aus Schlesien seinem Bruder Heinrich berichtete:
„Ich hab einen häuslichen Kummer, mein armer Hund wird sterben, und, um mich zu trösten sage ich mir, da der Tod auch gekrönte Häupter nicht verschont, kann meine arme Alcmène kein besseres Los erwarten.“
Aber Friedrich tröstete sich nicht – (wie ich in meinem Buch Friedrich-Faszination ausführlich beschrieben habe:

ISBN 3-7909-0266-7):
Die zehnspännige Kutsche braust in halsbrecherischem Tempo durch preußische Lande: Über Andeutungen von Straßen und Wegen, versinkend in Staub oder Schlamm, je nach Wetterlage und Bodenbeschaffenheit. Auf jeder Station stehen zehn frische Pferde bereit, und die glühenden Achsen werden mit Wasser begossen, das sich zischend in Dampf verwandelt. Von morgens früh bis in die Nacht ist die Kutsche unterwegs, denn der Befehl des Reisenden an den Kutscher lautet:
„Am dritten Tag musst du in Potsdam sein!"
Die Reise hatte in Neisse in Schlesien begonnen und der Kutscher hatte etwas wie „unmöglich" gesagt.
„Dann wirst du am vierten Tag im Oderbruch Steine brechen."
In der Kutsche hockte der König, in sich versunken, kaum Blicke übrig für die Landschaft ringsum, die Gehöfte, Dörfer und Menschen an den Straßen. Bei den Stationen gönnte er sich selbst so wenig Rast wie seinem Kutscher – sein Blick verschließt sich in Schmerz und Trauer, seitdem ihm ein atemloser Kurier eine Nachricht überbrachte. Friedrichs Generäle und die ausländischen Beobachter staunten nicht schlecht, als er die Depeschen erbrach und mit fiebernden Augen las. Und dann war am 24. August 1785 dieser Kurier gekommen, der diejenige Nachricht brachte, dass der König das Schlesische Manöver auf der Stelle verließ… Es dunkelt bereits, als die Kutsche in rasender Fahrt Großbeeren durcheilt. Da, schon die Wirtschaft, das Haus des Pfarrers vom letzten Dorf, Minuten später biegt das Zehnergespann in einem großen Bogen ein nach Sans-souci. Das Schloss ist hell erleuchtet, Diener und Kammerhusaren ei-

len herbei, um ihrem König zu helfen und durch rückwärtige Räume zu geleiten. Er will jede Hilfe ablehnen, obwohl er maßlos erschöpft ist, „zum Umfallen“. Hastig, den Stock laut aufstoßend, durcheilt er die Räume, zögert einen Augenblick vorm letzten, tritt dann ein und sieht: Auf einem niedrigen Tisch haben Diener sie vor dem Kamin hingestellt: Alcmène – die Starke! Sie liegt unter einem Glassturz, der sonst die Standuhr bedeckt, Leuchter werfen ihr Licht auf sie, so dass es aussieht, sie schliefe. Aber der Tod hat sie schon vor Tagen ereilt, sogar im Grab hat sie schon gelegen, aus dem sie auf des Königs Befehl exhumiert und hier wieder aufgebahrt wurde!

Als der König am 15. August zur alljährlichen „Revue“ nach Schlesien aufbrach, war seine Lieblingshündin bereits krank gewesen, und er befahl seinen Dienern, täglich einen Rapport über ihren Zustand nach Schlesien zu schicken. Ärzte waren gekommen, alles hatte nicht mehr geholfen, Alcmènes Zeit war abgelaufen. „Nun ist auch sie fort, springt nicht mehr im Garten herum, hüpft auf keine Hocker oder Tische, nascht nicht mehr an meiner Tafelrunde – es wird einsam um mich. Morgen wird sie auf der Terrasse unter der Steinplatte liegen wie ihre Vorgängerinnen...“

* * * * * *

Der Reichshund

Wer kennt ihn noch, diesen *Canis lupus* mit solch klingendem Namen! Er kam auf, als vom Reich mehr gesprochen wurde als später. Wikipedia weiß Bescheid:

„Als Reichshunde wurden die Doggen Otto von Bismarcks bezeichnet. Der Begriff wurde zunächst im Zuge des Berliner Kongresses von 1878 geprägt, bei dem der Reichskanzler mit einer Dogge aufgetreten war, und war infolgedessen im Kaiserreich für diese Hunderasse inoffiziell geläufig. Die Revolution von 1848 hatte für die Bürger das Jagdrecht erkämpft. Die Hundehaltung kam zunehmend in Mode. Im Laufe des 18. Jahrhunderts wurden imposante Hunde von Personen des öffentlichen Lebens und der Politik, aber auch von den korporierten Studenten zu Zwecken der Repräsentation benutzt."

Reichskanzler Otto von Bismarck, 1815 bis 1898, im Gehabe und Getue selbst eine halbe Dogge, besaß mehrere von ihnen: Sultan, Tyras I. und II., Rebecca, Flora und Cyrus. Tyras I. wurde dadurch berühmt, dass er 1878 beim Berliner Kongress, den sein Herrchen leitete, auf den russischen Außenminister Gortschakow losging und ihm die Hose zerriss – der Grund dazu ist unbekannt. Es war natürlich kein Attentat, denn das Verhältnis zum Zarenreich sollte nicht getrübt werden, doch ein ziemlicher Affront des Kanzlers, seinen aggressiven Hund dorthin mitzunehmen – vergessen wir jedoch nicht, dass solche kampffähigen Hunde in Zeiten politischer Attentate durchaus in der Lage waren, etwaige Täter abzuschrecken. Wie dem auch war: Cyrus verhalf öffentlichen Spöttern, die sowieso schon Hochsaison hatten, zu genialen Versen – so Karl Friedrich Henkell 1886:

„Der Kaiser ist heiser, der Reichshund bellt,
bald geht aus den Fugen die ganze Welt."

Renommierhunde bekamen sogar einen wissenschaftlichen Namen: *Canis familiaris academicus*.

* * * * * *

Kriegshunde im Ersten und Zweiten Weltkrieg

Wir haben am Anfang nicht verschwiegen, dass der Mensch seine Hunde auch zu Kriegszwecken eingesetzt hat, jedoch ist es unmöglich, hier den Weg der Kriegshunde von, sagen wir der Antike, bis in die jüngste Vergangenheit nachzuverfolgen – treffen wir also eine Auswahl, indem wir uns auf die beiden genannten Kriege beschränken. Da gab es zum ersten Mal im großen Stil die Melde- und Sanitätshunde. „Suchen“ und „Vermelden“ sind ja die großen Stärken unserer Hunde – es galt, diese Vorzüge auszunutzen.

Alle am Krieg teilnehmenden Nationen müssen auf einmal und für die meisten Halter überraschend, auf private Hundebestände zurückgreifen, weil ja niemand in den Planungsbüros, in den höheren Stäben von Divisionen und Armeen vorausschauend eine Hundearmee aufgestellt hatte. Auch die Veterinäre nicht, die verantwortlich für die Tierbestände waren. Nun sollte alles im Hauruck und Ruckzuck vor sich gehen – nämlich die Ausbildung der Hunde. Jeder Kenner, ob privat oder dienstlich, wusste, dass hierfür Monate notwendig waren.

Am leichtesten hatten es jene Hunde, welche hinter den Fronten zur Bewachung der militärischen Einrichtungen eingesetzt wurden. Das taten vorerst nur Engländer und Franzosen, während die Deutschen verstärkt auf Melde- und Sanitätshunde setzten. Die Motorisierung des Krieges steckte noch in den Anfängen. Pferde, Ochsen und Maultiere waren gefragt, und wo diese in Schlamm und Eis nicht mehr weiterkamen, übernahmen Gespanne aus vier, sechs oder acht Hunden den Munitionstransport – solche Gespanne schafften in vier Tagen 90 Tonnen Material aus der Etappe bis in die vorderste Front.

Bekannt gewordene Zahlen sind beeindruckend: Frankreich schickte am Ende des Krieges 15.000 Hunde an ihre Ausleiher zurück, doch 5.000 mussten als verloren gemeldet werden. Das Deutsche Reich hat 20.000 Hunde verloren. Die Statistiken sagen aber auch, dass 10.000 verwundete Soldaten vor einem elenden Tod im Niemandsland gerettet worden sind – die meisten von ihnen werden ihren vierbeinigen Retter nicht vergessen haben, sogar zu Hundefreunden geworden sein.

Der Einsatz von Kriegshunden verlangte neue Kriegseinrichtungen. Ein Veterinärwesen wird für sie erstellt, und 1916 errichtete der „Verein für Tier- und Menschenfreunde“ in Jena ein Lazarett für Hunde. In Oldenburg wird eines speziell für Sanitätshunde eingerichtet, und auch ein Besteck für Operationen an Hunden, das „Modell 1918“, wird in Berlin im preußischen Kriegsministerium herausgegeben.

* * * * * *

Das Deutsche Kaiserreich fühlte sich seit 1914 „von Feinden umzingelt“, was ja auch zutraf. Es war ganz selbstverständlich, dass beim Beginn des Krieges, den der Normalbürger gar nicht hat kommen sehen können, nicht genug Hunde bei der Armee waren. Hier wurden Hundehalter aufgefordert, mit ihren Lieblingen einzuspringen. Die deutsche Öffentlichkeit war, was die aktiven Soldaten und den Krieg selbst betraf, zur Hilfe durchaus begeistert und hoch

motiviert, „doch unsere armen Vierbeiner von zu Hause wegzuholen und vom Feind erschießen zu lassen“, war nicht jedes Hundefreundes Sache. Es äußerte sich Kritik:
„Es kann nicht angehen, dass dieselben (Hunde) bei den Truppen in den Garnisonen aus Mangel an Beschäftigung verfaulenzen… und mit der Zeit unbrauchbar werden.“
Was nicht alle Menschen wissen: Dass auch Hunde beim Nichtstun geistig und körperlich verkommen.

Auch war selbstverständlich, dass gerade die besten Hunde den Führerwechsel nicht verkrafteten: Herrchen oder Frauchen fehlten, die Kinder der Familie meist auch, Spielkameraden, Spazierengehen, ein Zwinger oder Käfig waren Zumutung sondergleichen – mit wenigen Worten: Das ging oft genug schief. Private Hundevereine organisierten später die Abgaben, und je knapper die Lebensmittel wurden, desto leichter wurden Bello, Nelli, Kasper und Turandot abgegeben. 1914 waren es 570, Ende 1915 schon 2.500, insgesamt gingen allein für den Sanitätsdienst 7.000 Hunde an die Fronten.

Ab Mai 1915 erfolgte die Ausbildung einheitlich in Berlin. Aber die vielen Hunde verlangten, ganz klar das, ebenso zahlreiche fähige Führer, die sich für sie Zeit nahmen. Da hat doch, mag man sich heute wundern, jemand „die Zehn Gebote“ für Sanitätshunde irgendwo zu Papier gebracht, wir haben sie gefunden und veröffentlichen sie hiermit:
Gebot 1. Du solltest wissen, zuerst kommt deines Hundes Wohlergehen, dann das deine.
Gebot 2. Ohne deinen Hund bist du überflüssig in dieser großen Zeit. Du sollst also deine ganze Aufmerksamkeit auf sein Wohlergehen richten.

Gebot 3. Zähme deine Zunge und deinen Zorn, denn nur wer sich beherrscht, beherrscht auch seinen Hund.
Gebot 4. Du sollst deinen Hund reinlich halten, ihn baden, kämmen und bürsten.
Gebot 5. Du sollst jeden Abend deines Hundes Pfoten sehr genau untersuchen, damit er keine Schmerzen leidet und nicht lahmt.
Gebot 6. Du sollst mit ihm üben, üben und nochmals üben.
Gebot 7. Du sollst dich mit deinem Hund beschäftigen, sollst mit ihm sprechen und spielen.
Gebot 8. Du sollst beim Arbeiten mit ihm so lautlos wie möglich sein, keine Schelle, keine Pfeife, kein lautes Rufen und Bellen.
Gebot 9. Du sollst niemals bei Misserfolgen deinen Hund schelten, denn immer liegt der Fehler bei dir.
Gebot 10. Du sollst deinen Hund als Freund und Kameraden halten und ihn nie verlassen in Not und Gefahr.

Bei ihren Einsätzen, das ist ganz klar, erleben Meldehunde Abenteuer, welche haarsträubender und tödlicher nicht sein können. Kriegsteilnehmer Karl Wilke von der Westfront verdanken wir Berichte über Max und Moritz, denen die Aufgabe zugefallen war, die Verbindung mit der vorderen Linie und dem Stab aufrecht zu erhalten.
„Oft war“, schreibt der Augenzeuge Wilke, „die ganze Gegend in Qualm und Rauch gehüllt, und die Erde dröhnte und vibrierte. Unsere beiden Hunde zitterten, wenn sie da hinein mussten, liefen aber immer pflichtgetreu ihren Weg. Es war schon ein Wunder, dass sie immer heil über jene Wiese kamen, die mit Schrapnells übersät wurde.“

Sanitätshunde sind geborene Jagdhunde. Während für den Meldedienst große, robuste und wehrhafte Hunde am besten geeignet sind, benötigte der Suchdienst mehr zärtliche, anschmiegsame Charaktere, mit Vorliebe weibliche, die nicht sofort giftig verbellten. Ein Sanitätshundeführer berichtet vom Einsatz seines „Stern“:

„In der Nacht vom 12. Dezember hat mein Stern in Polen eine Meisterleistung vollbracht. Er wurde angefordert, weil drei Soldaten seit einem Tag vermisst wurden. Mit drei Bahren, zwölf Leuten und einem Feldwebel zog ich um 18 Uhr 30 los… und wir haben zu den drei Vermissten noch weitere Verwundete gefunden, die schon 36 Stunden gelegen hatten.“

Ein Bericht aus der Sicht des Verwundeten zeigt, wie die Hunde vorgingen:

„Am 29. August 1914 wurde ich in der Schlacht von St. Quentin durch einen Granatsplitter schwer verwundet. Nachmittags um 19 Uhr näherte sich mir ein Hund, der mich beroch, leise bebellte und wieder fortlief. Etwa 10 Minuten später kam er wieder an mich heran, gefolgt von eigenen Leuten des Sanitätsdienstes.“

Als Höhepunkte ihres Lebens bezeichneten später einige Gerettete, dass ein paar Hunde sie zu Hause wiedererkannten und jubelnd begrüßten… Damit wollen wir die kriegerischen Fronterlebnisse von Hunden abschließen und in deren Privatleben an der so genannten Heimatfront eintauchen.

Maskottchen im Ersten Weltkrieg

Zu „Maskottchen“ schreibt Wikipedia direkt und wie immer wortreich:

„Ein Maskottchen oder (selten) die Maskotte (von französisch Mascotte, Person, Tier oder Gegenstand als Glücksbringer; okzitanisch Maskóta; Masca ‚kleiner Zauberer; Zauberin‘; oberitalienisch: Masca ‚Hexe‘ bezeichnet zumeist einen Glücksbringer, ein Püppchen oder ein Amulett für eine Personengruppe.“
„...Maskottchen sind heute in der Vermarktung von Produkten und Unternehmen ein Teil des Corporate Designs. Maskottchen bilden oft eine Basis für Motivations- oder Werbekampagnen. Ein Maskottchen kann ein Tier sein...“

Allmählich hatte es sich herumgesprochen, dass ich auf der Jagd nach Geschichten war, die das oben angeführte Thema behandelten, und eine Flut von schriftlichen Ergüssen, telefonischen Einladungen und mündlichen Erzählungen schien mich überfluten zu wollen, so dass ich abzubrechen erwähnte. Doch dann überlegte ich und die Einsicht brach durch und die Frage entstand, wo „denn zum Kuckuck“ sollte ich authentischeres Material herbekommen als durch mündliche und handschriftliche Erlebnisberichte von Leuten, die dabei waren und kein Interesse an Übertreibungen hatten.
„Übertreibungen? Angebereien? Die mögen Sie selbst einschieben!“

Der letzte Satz ist für uns hier von Bedeutung. Denn wir befinden uns unter Männern, die heute Zeit haben, sich mit einem Maskottchen intensiv zu beschäftigen und morgen beide schon tot sein können. Von A.H. wissen wir, dass ihm an der Westfront des ersten Krieges ein Terrier zulief, höchst wahrscheinlich von den Tommies her, der dann unter dem Namen „Foxl“, das Regiment war ein bayerisches, eine Zeitlang die Soldaten erfreute, bei Laune hielt und eines Tages vermisst wurde.

A. H. war kein echter Hundefreund, weil ihm wohl der Hang zur echten Freundschaft, mit wem auch immer, ob mit Eva oder seinen Blondis, fast ganz abging. Schäferhunde gefielen ihm, weil sie seiner Vorstellung von Herrentieren entsprachen, die zu deutschen Herrenmenschen, die es dereinst geben würde, am besten passten. „Wer nicht kämpfen will in dieser Zeit des ewigen Ringens“, steht auf einem Briefmarkenblock der Reichspost, „der verdient das Leben nicht.“ Sein Adept H. G., auch durch Suizid umgekommen, bezeichnete Löwen, mit denen er spielte, als Nummer Eins der Herrentiere – ganz recht, „sie konnten nur froh sein“, sagte ein kluger Politiker dazu, „nicht zur Zeit der Dinosaurier gelebt zu haben.“

Hunde als Maskottchen und Helfer im Ersten Weltkrieg. In England war vieles mehr freiwillig als in Deutschland: Deutschland liebte seinen Kaiser nicht so wie England seinen König! Briefe bezeugen es:
„Wir ließen Vater gehen, um gegen den Kaiser zu kämpfen. Nun schicken wir Jack, damit er sein Bisschen tut.“
„Mein Mann musste in den Krieg gehen, mein Sohn musste gehen. Bitte nehmen Sie meinen Hund, um diesen schrecklichen Krieg zu Ende zu bringen.“
„Dear Sir, seit hundert Jahren züchte ich King of the terriers und habe nun 50 Stück für die Armee abzugeben. Ich

habe sie auf the Kaiser‘s arse scharfgemacht und wünsche, dass sie nach Berlin abgehen.“

Ehe wir erzählen, wollen wir kurz die Situation der Soldaten skizzieren. Stellungskrieg, Grabenkrieg, Bunkerkrieg, Bauernhaus- und Hochhäuser-Kampf, Angriffs- und Verteidigungskrieg, endlos lange Fahrten in U-Booten, auf Großkampfschiffen, tagelange Märsche, Dienst in der Etappe und bei den Stäben – Zeit ist oft genug vorhanden, nichts Dramatisches will geschehen, Langeweile breitet sich aus und Kameraden wie Vorgesetzte „stehen einem bis zum Hals“ - da wird die Sehnsucht übergroß nach einem Wesen, dem man sich anvertrauen kann, das selbst Vertrauen erwartet, rückhaltlos und ohne Hintergedanken: ein Hund als Maskottchen! Hunde als Unterhalter! Nicht als Kämpfer. Der Hund als Kamerad. Freund Hund – als Glücksbringer gar.

Unterschiedliche Lebensräume tun sich für diese Hunde auf. Mögen sie zu Hause in einem ordentlichen Haushalt untergekommen, dort sogar die Hauptperson gewesen oder kurzgehalten worden sein, sollten sie aus Polizei- oder Militärdiensten stammen und grenzenlose Freiheit und allerlei Jagderlebnisse genossen haben – jetzt im Krieg ist alles anders geworden. Die Großstädte der kriegführenden Nationen wimmelten 1914 von Hof-, Wach-, Dienst-, Arbeits- und Lieblingshunden, ein Zustand, der erst lange Zeit nach dem ersten Krieg wieder eingetreten ist.

Hauptmann der Reserve und Oberförster in der Eifel Wolfgang Krieger hat als Jagdhundhalter in den drohenden Monaten und Wochen des Sommers 1914 eine Abhandlung über „Hunde im Krieg“ verfasst, um sie in „Wild und Hund“ zu veröffentlichen; daraus ist nichts geworden. Das Thema war, dass Hunde in kommenden Kriegen nichts mehr zu suchen hätten und „hübsch zu Hause bleiben sollten“.

„Sie zogen“, schreibt er, „mit Alexander, Hannibal, Cäsar, Marc Aurel, Karl dem Großen und weiteren Kriegsgrößen ins Feld und kämpften mit, als wüssten sie, worum es ging. Dem großen Preußenkönig waren sie zu kostbar, er ließ sie zu Hause. Es gibt keine Schlacht, die von Hunden entschieden worden wäre. Und jetzt? Die Kriegstechnik ist so weit fortgeschritten, dass selbst der Kampf Mann gegen Mann, einst das Nonplusultra des Kriegers, bald der Vergangenheit angehören wird. Lassen wir also unsere Hunde zu Hause, das enthebt uns mancher Sorge und der Mühe, ihrem etwaigen Tod nachzutrauern.“
Da kann man nur kommentieren: „Errare humanum est!“

* * * * * *

So zogen sie denn mit. Nicht von allen Vorgesetzten gern gesehen. Doch Dienstvorschriften sind zu allen Zeiten da, nicht eingehalten zu werden. Hunde zogen mit in die Gräben, Bunker, Verhacke, Verhaue, Dienststellen und auf Schiffe, in Flugzeuge und Panzer. Dann doch geduldet von Vorgesetzten, die einsahen, dass auch der raueste Soldat ein Gegenstück zum Schießen, Töten und Verwunden haben muss.
„Schon immer haben Tiere“, erklärte ein Kompaniechef, früher Direktor eines Zoologischen Gartens, „aller Art von A wie Affe bis Z wie Zebra, Menschen zum Guten beein-

flussen können, und unsere Soldaten hier an der Front, von Frauen und Kindern abgeschlossen, kommen die vierbeinigen Schmusetiere gerade zurecht.“

Noch im Krieg von 1870/71 zogen die Heere so lange hin und her, bis sie sich trafen, sozusagen im Weg standen und eine Schlacht unausweichlich geworden war. Dieser Weltkrieg jedoch bestand großenteils aus Linien, welche sich gegenüber lagen und mit den feindlichen parallel verliefen.

Der Aufenthalt in den Stellungen, die man Schützengräben nannte, konnte Wochen und Monate dauern, bis ein Gegner die Geduld verlor und angriff. Dann waren die Wochen mit „Im Westen nichts Neues“ zu Ende. In der Rangliste der Maskottchen nahm der Hund selbstverständlich die erste Stelle ein. Es gibt Fotos der Zeit und auch schon Filmdokumente, die zeigen, dass sich Hunde in nächster Nähe feuernder Kanonen aufhielten, welche aus 50 Kilometer Entfernung Paris beschossen – aber weder mit „Oropax“ noch anderen Mitteln wie Mützen und Bänder geschützt waren – es waren dieselben Hunde, die Mäuse hörten, fingen und apportierten.

Schäferhundrüde „Ditters von Ditterstadt“ und sein Führer Karl-Siegbert Große Tenhumbert gehörten zur Wachmannschaft des Eisenbahngeschützes, das zum Feuern bereitgemacht wurde, während das Geschützmaskottchen „Fridolin“, halb Terrier, halb Pinscher, den Soldaten um die Füße wuselte und nicht verstand, dass er nun „abhauen“ sollte. Die Soldaten trugen bereits das erwähnte Oropax = „Ohrenfrieden“. Siegbert hielt seinen Rundgang an und Ditters fest an der Leine, als Punkt 15 Uhr die Reißleine gezogen wurde und der Schlund der Hölle sich öffnete. Er berichtete später:

„Ich war sicher, dass die vier Hundetrommelfelle nach innen in den Kopf getrieben würden oder Ohrteile Hörschnecke, Bogengänge, Hammer, Amboss und Paukenhöhle implodieren und die Hunde daran sterben würden. Nichts davon! Obwohl meine Ohren trotz des Schutzes nachhaltig dröhnten und bis ins Gehirn hinein sich taub stellten, zuckte mein Ditters nur kurz zusammen, bellte aggressiv, schien empört und schaute mich konsterniert an. Fridolin, der näher am Geschütz stand, machte kläffend ein paar Bocksprünge und wurde vom Luftdruck umgeworfen, Sprünge, die jenen glichen, wenn er die bösen Pferdebremsen Frankreichs mit den Zähnen packen wollte. Rundum waren alle Kammersänger wie Nachtigallen, Rotkelchen und Grasmücken nur dreißig Sekunden verstummt, dann setzte ihr Konzert wieder ein. Der Höhepunkt meiner Beobachtungen war nicht hündischer Art, obwohl Fridolin mitbeobachtete, sondern dass ein Maulwurfshügel sich aufschichtete – also hatte dieser äußerst feinhörige unterirdische Wühler trotz des Lärms sein Revier nicht verlassen."

Am Tag vorher hatte Landwirt Christian Vortlage noch verkündet:

„Zuhause sollte man auf jedem der ländlichen Höfe solch ein Theater aufziehen – dann würden alle Ratten und Mäuse entweder am Hörsturz krepieren oder für immer auswandern" – da irrte er wohl.

* * * * * *

Wie wenig Tiere und die klugen unter ihnen, nämlich Hunde, vom Tod und Sterben wissen, erkannte Adolf von Ernsthausen an seinem Hund Bobbi auf dem mazedonischen Kriegsschauplatz, und er berichtete es dem „Kosmos“: „Die feindlichen Granaten sausten haarscharf über unsere Köpfe hinweg und zersprangen etwa 50 Meter hinter unseren Zelten. Das schien unserem serbischen Hund Bobbi ein eigens für ihn veranstaltetes Spiel zu sein, denn mit wütendem Gekläff rannte er immer mitten in die Einschläge hinein. Und von allen diesen Attacken kehrte Bobbi stolz und siegesbewusst zu uns zurück. Ihm diese Kinderei abzugewöhnen gab es nur ein Mittel, das Hundebesitzer sich merken sollten: Kein verbales Lob, keine sonst gewohnten Streicheleinheiten - da erlosch Bobbis Interesse für Einschläge und sirrende Granatsplitter.“

Nicht alle „feindlichen“ Hunde, die in den besetzten Gebieten von den Soldaten aufgegriffen wurden, hatten vorher ein freudvolles Leben geführt. Einige kamen nie von der Kette los, welche an ihrer Hütte, so sie denn eine besaßen, festgemacht war. Solch ein Dasein machte sie zu falschen Kläffern, überlauten Bellern und vermittelte ihnen ein unkompetentes Bild von uns Menschen. Da kamen plötzlich diese fremden Leute auf den Hof, redeten unverständliche aber wohlklingende und Vertrauen aufbauende Worte und wussten, dass allein gelassene Hunde in erster Linie an Hunger und Durst litten. Da brauchte es meist nicht mehr als einen mutigen Mann, der entschlossen auf sie zuging, ihm einen Rest aus dem Kochgeschirr anbot und von der Kette frei machte – damit war das Verhältnis Mensch und Hund oder Hund und Mensch vollzogen. So ein glücklicher

Hund wurde Hektor, den Augenzeuge Hans von Hasenclever von der Ostfront vorstellt:
„Hektor, ein neuer Name, den er akzeptierte, war vom ersten Übertritt an der geborene Soldaten- und Jagdhund. Wo die Zeit es irgendwie erlaubte, gingen wir auf die Jagd. Der famose stichelhaarige Rüde besaß eine ausgezeichnete Nase, kein angeschossenes Huhn ging ihm verloren. Vorstehen und Nachziehen stempelten ihn zu einem erstklassigen Feldhund. Munter und treulich teilte er alle Strapazen mit uns, bei Gefechten verirrte er sich manchmal und schloss sich, schlau wie er war, einem anderen Truppenteil an. Bald wanderte er mit der Infanterie, dann saß er auf der Protze eines fahrenden Geschützes. So wurde er bei der Division bekannt und immer bekamen wir ihn unversehrt zurück."
Der Autor lässt sich noch eine Briefseite lang darüber aus, wie das Wiedersehen stattfand. Hektor kannte jeden Soldaten der Kompanie und suchte minutenlang nach fehlenden. Und von jedem Soldaten nahm er eine kleine Gabe des Wiedersehens an: ein gekochtes Ei, Leibnizkekse, Wurstzipfel, Pfannkuchen, Gulasch aus der gleichnamigen Kanone und einen Schluck Bier aus der Feldflasche. Doch irgendwo und irgendwann ist auch dieser prächtige Hund der Welt abhanden gekommen…

Woher hatten die Soldaten ihre Maskottchen-Hunde? Offiziell waren nur Gebrauchshunde erlaubt, die auch von zu Hause mitgebracht werden durften. Nun, es waren meistens feindliche Hunde, eroberte, versprengte. In den zerschossenen Dörfern Frankreichs, Polens und Russlands war manchmal kein Leben mehr außer einem: Ein Hund an der

Kette, vergessen, absichtlich zurückgelassen, heulend und demütig „um Gnade bittend“: „Ich bin der letzte hier – nehmt mich mit!“

Zurückgelassen wurde auch Robbi, ein französischer Langhaardackel und eigentlich einer der zahlreichen Hunde, die der Krieg in Frankreich um Heimat, Kollegen, Herrchen und sonstigen freundlichen Anhang gebracht hatte. Da kamen diese Deutschen ins Dorf, durchsuchten die Häuser nach Feinden und Essbarem. Denn es schien doch unmöglich zu sein, dass jedes Baguette, jeder Camembert und alle Flaschen Wein von den Flüchtlingen mitgenommen worden waren. Da, nach einer von Stiefeln eingetretenen Zimmertür, fand sich Robbi, der einen Zettel am Halsband trug, dessen Übersetzung lautete: „Lieber deutscher Soldat, ich konnte meinen Robbi nicht mitnehmen – Sei ihm ein neuer netter Herr!“

Ein solcher wurde Heinz Krakowiak aus Gelsenkirchen, der sich in diesem „doofen“ Krieg schon lange ein Maskottchen gewünscht hatte. So machte Robbi mit seiner Kompanie manchen Marsch mit, wobei er meist die doppelte Wegstrecke zurücklegte, weil er vorpreschte, zurückblieb und dann wieder aufschließen musste. Beim Essenfassen erhielt er ein eigenes Kochgeschirr, in das sein schmaler Schädel hineinpasste, und wenn er den letzten Rest auch noch essen wollte, stellte er ihn auf den Kopf. Er schien mehr ein germanischer als romanischer Feinschmecker zu sein, weil ihm die deutschen Militärsuppen aus Bohnen, Linsen und Erbsen, verdickt mit Bock- und Mettwürsten, über alles gut schmeckten.

Dann, nach einem Dreistundenmarsch, den Robbi auf dem Tornister bewältigte, näherte sich die Kompanie der

Hauptkampflinie. Und schon schlugen die ersten Granaten ein. Robbi erwies sich als nicht schussfest, so dass er an die Leine musste. Im Unterstand, berichtete Krakowiak, machte er beim heftigen Beschuss wie alle auch ein bedenkliches Gesicht, wenn der Boden erschütterte und Sand und Erdbrocken vom Dach rieselten. Öfters versuchte er zu entkommen.

So weit kam es nicht. Plötzlich, wie aus ihren eigenen Kanonen geschossen, waren Briten und Franzosen in die Stellung eingebrochen und begannen die Stellungen aufzurollen. „Widerstand“, dachten viele deutsche Soldaten im September 1918, „ist zwecklos.“ Robbi benahm sich tatsächlich, als würde er befreit, wie sein neues Herrchen diese Kriegsromanze zu beenden weiß:

„Robbi schien vermisst, jedenfalls von uns aus gesehen, weil er uns ans Herz gewachsen war. Doch plötzlich, neben unserer Aufstellung zum Marsch in die Kriegsgefangenschaft, großes Geschrei und Geheul Robbis, ein Tanz seiner Dackelohren, heftiger Einsatz seiner Dackelbeine und er sprang einem französischen Soldaten an den Bauch, der ihn sogleich festklammerte und ebenfalls in Freudenschreie ausbrach.“

Ja, Robbi hatte sein früheres Herrchen wiedergefunden! Ein Kriegswunder das, zumal Robbi bald darauf ein Bein abgeschossen und Herrchen ein Splitter verpasst wurde – so durften sie nebeneinander im Lazarett liegend ihre Kriegsverwundungen auskurieren.

* * * * * *

Das Verhältnis zwischen Herr und Hund im Kampfgebiet war wohl inniger als daheim in normalen Zeiten. Es scheint, als hätten viele Hunde über das Risiko des Krieges einigermaßen Bescheid gewusst – so jedenfalls äußerten sich Zeitzeugen. Die Soldaten beginnen ihrerseits, ihren Hunden in manchen Situationen zu vertrauen: Als Gefahrenanzeiger gegen anfliegende Flugzeuge, anrollende Tanks, heran rauschende Granaten, das Gas, anschleichende Gegner.
„Lumpi“, berichtet Thomas Mallingrot über seinen Rottweiler, „war die Ausgeburt fröhlicher Kameradschaft im nächtlichen Graben. Aber auch Spitzbuben gab es bei uns, wie überall auf der Erde, und damit auch der Kameradendiebstahl. Da wollte doch einer in stiller Mondnacht in meine Jacke tun, wo eine angebissene Mettwurst für Lumpi versteckt lag, Dieser biss ohne Knurren und Murren in den Arm des Diebes – erst mein Befehl an Lumpi, loszulassen, befreite den Arm aus Lumpis Klemmzange.“

Manche Soldaten, die den Krieg in voller Länge mitmachten, so Robert Hohlbaum, hielten im Lauf der Monate mehrere Hunde. Nie wussten sie, wen sie sich angelacht hatten, einen Angst- beziehungsweise Etappenhasen oder einen Berserker:
„Schnauzer Peter vertrug das Schießen nicht, nach der ersten Explosion entlud er seinen Darm und verkroch sich in hintere Winkel, machte Männchen und bat ums Aufhören.“
Die Geschichte von Foxterrier Seppl zeigt, welche tierischen Zustände damals an den Fronten herrschten, auch dort, wo es für alle Beteiligten nichts zu lachen gab:
„Seppl hatte starke Nerven. Bei Flitsch, vor der großen

Schlacht, konnte er noch mit einer ausgedehnten Mischlingsfamilie Verkehr pflegen. Seine Mutter war Österreicherin, eine mutige Hundefrau und hauste bei der Infanterie, deren Gegner, die Italiener, sie auch besuchte."

Foxterrier Ici ist als Löwe von Cambrai in die Geschichte der Maskottchen eingegangen. Er begleitete seinen Herrn durch ganz Europa von Ostpreußen nach Frankreich, war ein großer Pferdefreund und Hasser aller Franzosen in Uniform. Begegnete er ihnen, zum Beispiel bei einer Aufklärungsfahrt in Herrchens Automobil, dann begann er wütend zu bellen und hasserfüllt zu knurren.

Als er einmal einen flüchtigen Gefangenen stellte, sagte dieser später aus, „lieber von einer deutschen Kugel zerfetzt als von einem deutschen Hund" - Ici war ein französischer Beutehund.

Schäferhund Rano war mit seiner Einheit von der Ostfront nach Flandern verlegt worden. Zusammen mit vielen anderen Maskottchen unbekannter Herkunft, die jedoch alle im Moloch der Schlachten untergegangen sind – nur er ist geblieben. Augenzeuge Heinz berichtet über seine enorme Kaltblütigkeit im Trommelfeuer:

„Rano, dessen Name noch an das galizische Nest erinnert, lag an der jenseitigen Grabenwand des flachen Stellungsabschnitts und beobachtete uns. Während jedesmal, wenn unmittelbar vor oder hinter uns mit berstendem Krach die Erdfontänen schwarz und qualmig aus dem Boden stiegen, unser geballter Menschenklumpen zusammenzuckte, als sei ein einziger Nerv angeschlagen worden, standen Ranos Ohren bewegungslos starr und wie mit äußerster Wachsamkeit lauschend empor. Seine Lider hielten dem Luftdruck stand..."

* * * * * *

Über einen berühmten Jagdhund der Westfront, dessen englischen Namen man nicht kannte, der aber über seinen neuen Namen bekanntgeworden ist, müssen hier noch einige Zeilen geschrieben werden. Wie der britische Major, auf dessen Leichnam der Hund stand, ihn früher gerufen haben mag, ist nicht bekannt. Der deutsche Augenzeuge Maximilian Böttcher, selbst Jäger und Hundekenner, sieht die makabre Szene vor sich und ist entschlossen, sie zu lösen. Er berichtet:
„Der Hund tat unmissverständlich kund, dass er niemand an seinen Herrn herankommen lassen würde, er knurrte und fletschte die Zähne. Aber ich beschloss, mir Angst und Sorge nicht anmerken zu lassen und wusste als Hundefachmann, dass gezeigter Mut und praktizierte Entschlossenheit auch bei unerschrocken wirkenden Hunden Eindruck macht. Ich nahm ihn mit festem Griff beim Halsband."
Lange Wochen im Dienst seines neuen Herrn vergingen, bis dieser sicher sein konnte, dass Treu, wie er nun hieß, ihn vollkommen als Ersatz akzeptiert hatte. Er führte dann einmal einen Trupp Soldaten durch so schwieriges Moorgelände, dass sie ohne ihn den Untergang gefunden hätten.

Für die US-Army, die erst 1917 in den Krieg eintrat, war Terriermischling Rag der Hund aller Hunde, sozusagen „hoch drei" gerechnet. Als Mischling verkörperte er in sich Freiheitsdrang und Gradlinigkeit. Sein Herrchen Sergeant

Donovan urteilte über ihn, „nicht ich habe ihn gefunden, sondern er mich“. Er war lange nach dem Krieg noch unvergessen, so dass Autor Jack Rohan 1930 sein Buch „Rags, the story of the Dog Who Went to War“ veröffentlichen konnte. Hier lernen wir ein Verhältnis „Herr zu Hund“ kennen, wie es intensiver und effektiver kaum vorzustellen ist. Rags Einheit war das 7. Artillerie-Regiment der 1. Division, welche bald an die heiß umkämpfte Aisne-Front verlegt wurde. Je näher sich die Soldaten der Front näherten, die von deutscher Artillerie heftig beharkt wurde, desto mehr fürchtete sich Rag – jeder andere Hund ohne innige Bindung an seinen Herrn hätte kehrtgemacht und wäre geflohen. Doch Rag schaute nur auf Donovan und machte alles nach: sich hinlegen, Deckung nehmen, Kopf an den Boden legen, aufspringen, wieder hinlegen: frei nach dem alten Motto aller Hunde, „Was Herrchen tut, ist wohlgetan“.

„Rag ist ein richtiger Frühwarnhund“, erklärte dieser seinen Vorgesetzten, die konsequent gegen Tiere an der Front eingestellt waren, „welcher schwere Brocken herankommen hört.“

Im Übrigen blieb Rag der Stromer, der ihm wohl angeboren war – gerade das liebten amerikanische Soldaten, denen die strenge Disziplin ihrer europäischen Kameraden ein Greuel war. Rag freundete sich mit einer Mannschaft an, die Ballonfahrten zur Beobachtung durchführte, entdeckte durch Beschnüffeln die Essensvorräte in der Gondel und war durch nichts als durch Rausschmeißen dazu bereit, sie zu verlassen. „Nehmen wir ihn doch mit in die Luft!“ Diese wurde bald bleihaltig, denn deutsche Fokker-Flugzeuge tauchten auf und schossen. Einer der beiden

Männer schnappte sich zwei Fallschirme und schwebte mit Rag zu Boden. Rag „besaß die Frechheit, die deutschen Flugzeuge wütend anzubellen“.

Bevor wir die Infanterie verlassen und zu den „Fliegern“ überwechseln, müssen wir noch Sergeant Stubby kennenlernen. Er war ein Bull-Terrier oder Boston-Terrier und ein Abbild amerikanischer Gemütlichkeit. Es muss 1916 oder 1917 gewesen sein, als er geboren wurde, gestorben ist er am 16. März 1926. Er war Eigentum des Soldaten James Robert Conroy, der ihn nach Frankreich einschmuggelte, indem er ihn im Kohlebunker des Transporters versteckte. Er war klug wie Rag und wurde berühmter als dieser, denn sein Buch mit dem Untertitel „Wie ein streunender Hund und sein bester Freund halfen, den Ersten Weltkrieg zu gewinnen“, wurde ein großer Erfolg. Seine Kriegsbilanz ist 18 Monate Dienst bei der 102. Infanterie-Division, Teilnahme an 4 Offensiven, 17 Schlachten und eine Weste voller Orden – ganz Amerika nahm Anteil...

* * * * * *

Hunde als Maskottchen bei den Fliegern. Schon in diesem Krieg zeigte sich, was sich später wiederholen sollte: Flieger gehören zur gehobenen Elitetruppe der Soldaten. „Der Flieger und sein Hund“ betitelt Oberleutnant Anders einen Artikel, den die „Berliner Illustrierte Zeitung“ abdruckte. Darin hieß es:

„Drei Tierarten gibt es, die tätigen Anteil am Krieg genommen haben: Pferd, Hund und Brieftaube. Aber keiner von ihnen ist so sehr Tröster aller Ranglisten geworden wie der Hund. Und hier hält man auch noch auf Rassehunde...“ Sie hatten gut reden, diese Flieger! Durften sie doch ihre Hunde von zu Hause mitbringen. Da tollten sie auf den Flugfeldern und in den Unterkünften herum: Maskottchen wie „Auspuff“, „Vollgas“ und „Moritz“, die Dogge des Fliegerhelden Manfred von Richthofen. Sie liefen beim Start ein paar Meter mit und waren auch zur Stelle, wenn Herrchen heimkam – und wenn nicht? Dann wurde ein Kamerad des Gefallenen sein Herrchen!

Woran diese Hunde Herrchens Maschine erkannten, war damals umstritten:

1.) Erkannten sie den Typ des Flugzeugs?
2.) Unterschieden sie die groß aufgemalten Nummern?
3.) Oder merkten sie sich die Farben?
4.) Erkannten sie Herrchen in der Kanzel?
5.) Erkannten sie seine Landegewohnheiten?
6.) Hörten sie am Motorengeräusch heraus, wer landete?
7.) Oder war alles mehr oder weniger Zufall?

Punkt 6 war der entscheidende. Denn auch das Bodenpersonal erkannte per Ohr den Anflug. (Fügen wir nur bei, dass heutzutage unsere Hunde im Wohnzimmer freudig aufbellen, wenn sie das heimkommende Auto von Herrchen oder Frauchen heraushören). Nicht zu große Hunde durften mitfliegen. Dobermann Mumm durfte es und rettete sich und seinen Herrn vom Abschuss: Er saß rücklings auf dem Beifahrersitz und meldete durch heftiges Gekläff, dass sie von einem Engländer verfolgt wurden. Herrchen zog die Maschine hoch, setzte sich hinter den Verfolger und schoss ihn ab - „wie du mir, so ich dir!“

Oberleutnant Anders schreibt abschließend:

„Wenn auch unsere Flieger ein hartes wetterfestes Geschlecht sind, das keine überflüssigen sentimentalen Regungen kennt, so ist es doch manchmal ein sonderbar tröstliches Gefühl, eine solche kleine Hundebestie bei sich zu haben, ein kleines warmes atmendes Stück Leben, das sich vertrauensvoll ganz dem Menschen überlässt."

Schäferhund Wotan, 8 Jahre alt und gemeinsam mit seinem Herrn Robert Westerkämper auf einem flandrischen Flugplatz Dienst schiebend, sollte nach Aussagen eben dieses Herrn Ohren haben, die Ameisen husten und Mäuse pupen hören könnten.
„Herr Hauptmann", riet Westerkämper, „Wotan ist mehr als ein Maskottchen und kann als Bewacher des Flugplatzes gegen Saboteure eingesetzt werden. Er würde auch den leisesten Leisetreter bemerken und stellen."
Wotan hörte mit, kam, sah und siegte. Das geschah im Herbst bei einem Sturm, den die Attentäter des belgischen Widerstands glaubten nutzen zu können. Die zweibeinigen Aufpasser drehten ihre Runden ums eingezäunte Gelände, sahen und hörten nichts. Nur Wotan wachte auf leisen Pfoten mit eingezogenem Kopf, Augen zu Schlitzen verkleinert und die Ohren auf Empfang gestellt. Für die drei Einbrecher, bewaffnet mit Handgranaten und Pistolen, war es leicht, den Zaun „made in Germany" in Bodenhöhe zu durchschneiden und so anzuheben, dass sie hindurchkriechen konnten. Wotan hörte auch den flämischen Satz mit:
„Zo, nu we dit hebben, op naar de vervloekte machines." („So, das hätten wir, jetzt zu den verdammten Maschinen.")
Da hatte er im wahren Sinn des Wortes Wotan am Hals und sein Todesschrei durchdrang die Nacht. Aber Wotan hielt

sich nicht lange mit ihm auf, und packte den zweiten Mann, der bereits flüchtete, am Gesäß und hielt ihn eisern fest, bis Hilfe kam; der dritte Mann war wie gelähmt und ließ sich festnehmen.

Wotans zweite Heldentat eine Woche später hätte ihm eigentlich den Orden „Pour le mérite“ einbringen müssen, aber der Kaiser weigerte sich, ihn einem Vierbeiner zu verleihen. Was geschah? Soeben hatte sich auch der schlaue Wotan bei den zwei MG-Stellungen ein paar Happen fürs Abendessen einverleibt und wollte seinem Herrn einen Besuch abstatten, als er abrupt anhielt und seine Nase in den Wind steckte. Er meldete dadurch anfliegende feindliche Flugzeuge, welche die Beobachter für große Vögel gehalten hatten. Ehe die Kampfhandlungen zu Ende gingen, erlegte Wotan täglich ein Dutzend Ratten, die er blitzartig überfiel, mit spitzem Zähnen ergriff und durchbeutelte.

* * * * * *

Hunde als Maskottchen bei der Kriegsmarine. Die so genannte fromme Seefahrt hat tausende Tiere in ferne Länder gebracht oder von dort hergeholt. Die oben erwähnten Ratten gehören zu ihnen. Auch die Kriegsmarine war ein Elitebetrieb, doch mit weniger strengen Regeln und bürokratischen Vorschriften, manches Kapitänsauge blieb zugedrückt. Besonders, nachdem sich folgende Geschichte herumgesprochen hatte.

Außergewöhnlicher Held war Chow-Chow-Hund Maski, ein richtiger See-Hund, und vor dem Krieg war er heimisch auf einem bekannten Kreuzer der Kriegsmarine gewesen. Doch dann hieß es: Umsteigen auf ein U-Boot. Maski war sauer, weil auch Herrchen Freiherr von Spiegel es tun musste – ein Umstieg wie von erster Klasse zum „klassenlosen“ Aufenthalt. Von Spiegel notierte sich: „Zum ersten Mal seit vielen Jahren verstanden wir uns nicht völlig. Nur langsam versöhnte er sich mit seinem Geschick. Er hatte schnell die Vorteile begriffen, welche enges Leben mit sich bringen kann. Vor allem aber liebte er es, wenn die Boote unserer Flotille im Hafen dicht nebeneinander lagen, dann gab‘s Spaziergänge über eine ganze Menge Decks und auf jedem Deck einen anderen Hund, mit dem man sich unterhalten konnte. Bei Überwasserfahrt war Maski in seinem Element, wenn er vorne im Bug stand und die Wellen anbellen konnte. Dabei bebellte er auch anfallendes Seegut wie Treibholz, Mützen ertrunkener Seeleute und einmal ein Sehrohr. Ein Sehrohr im Blickfeld? Wenn‘s da nicht Alarm gab! Maski rannte zum Turm des eigenen Bootes und begriff offensichtlich, dass er sich selbst und „seine Männer“ gerettet hatte.

1915 hatte Maskis U 202 an der englischen Ostküste einen Dampfer torpediert und sein Herrchen hatte auftauchen lassen, um Menschenleben zu retten und mit dem gegnerischen Kapitän Kontakt aufzunehmen. Nach einer langen Tauchfahrt war auch Maski froh, frische Luft zu schnappen und im Turm stehend Wache zu halten. Und das war diesmal sein Glück und das des Bootes und seiner Mannschaft. Kapitän Freiherr von Spiegel berichtet:

„Maski stand ganz vorne im Bug und kläffte, was aus seiner Lunge herauszuholen war. Sein Rückenhaar stand gesträubt, mit angestemmten Vorderpfoten starrte er nach steuerbord voraus und gebärdete sich wie irre. Was war denn los mit ihm? Meine Augen wanderten suchend über das Wasser in diese Richtung – fast wäre ich vor Schreck vom Turm gefallen, die Augen traten mir vor Schreck aus dem Kopf: Keine hundert Meter ab kam ein feindliches Sehrohr, eine weiße Schaumspur hinter sich, in rasender Fahrt auf uns zu – zwar war es zum Schnelltauchen zu spät, aber es gelang, den beiden Torpedos, die auf uns zurasten, auszuweichen. War es nicht selbstverständlich, dass die Matrosen von nun an ihrem Maski die leckersten Happen zusteckten!"

Maskis nächste Rettungstat war leider auch seine letzte. U 202 pirschte in der Biskaya und stellte über Wasser ein Schiff, das mit dem Bordgeschütz versenkt werden sollte. Also einen Schuss vor den Bug, der Brite gehorchte sofort, drehte bei und ließ die Rettungsboote zu Wasser. Alles sah harmlos aus, als die Mannschaft ihr Schiff verließ und in die Rettungsboote umstieg. U 202 schob sich langsam näher, mit Maski auf Deck, der angespannt und mit funkelnden Augen beobachtete. Dann bellte er los, getreu seinem Charakter als Wachhund und Chef seines Bootes. Ehe jedoch das Geschütz des Bootes in Aktion treten konnte, tönte fremdes Hundebellen übers Wasser – vom anvisierten Schiff her! Ein Hund auf einem verlassenen Schiff? Jawohl, man sah ihn hin und herlaufen! Er antwortete dem Gebell Maskis! Und eiskalt, gleichzeitig siedend heiß vor Überraschung und Entsetzen lief den deutschen Seeleuten der Angstschweiß über den Rücken hinunter. Warum das? Weil sie genau wussten und vollkommen überzeugt waren, dass kein Matrose, der in Ruhe und ohne direkte Gefahr sein Schiff verlassen darf, sein Maskottchen zurücklässt! Schlussfolgerung: Dort sind noch Teile der Mannschaft an

Bord geblieben!
„Eine U-Bootfalle!“, durchzuckte es die Deutschen! Nichts wie abdrehen und so schnell wie möglich abtauchen! Da fiel schon die Tarnung des Gegners, seine Geschütze begannen zu schießen, wenn auch schlecht und scheinbar ungeübt. U 202 erhielt zwar Treffer, konnte aber ablaufen – gerettet durch den famosen, getreuen und unübertroffenen Maski! Ein verirrter Granatsplitter erwischte Maski. Klar ist, dass jeder Seemann von U 202 geweint und ihn für immer im Gedächtnis behalten hat.

Es ist aus dem bisher Dargelegten hervorgegangen, dass Hunde im Weltkrieg Kameraden, Lieblinge, Helfer und Retter gewesen sind. Aber auch Leidtragende, Gequälte, Verstümmelte und sterben mussten wie andere Lebewesen, welche der Krieg in seinen Bann geschlagen hatte. Wohl alle Überlebenden und Zeitgenossen sind zur Einsicht gekommen, sagten es oder dachten bei sich:
„So etwas darf sich nicht wiederholen!“
(Kaum ein Frontsoldat wusste, dass seit 1917 seine daheim gebliebenen Maskottchen aufgegessen wurden!) Und es wiederholte sich: Und damit auch Leiden, Sterben und Heldentaten der Hunde im Krieg!

* * * * * *

Hunde als Maskottchen im Zweiten Weltkrieg

„Die Freundschaft eines Hundes“, schrieb General Eisenhower nach Hause, „ist kostbar. Sie wird es noch mehr, wenn man weit fort ist, so wie wir in Afrika. Ich habe einen

Scottie. In ihm finde ich Trost und Ablenkung – er ist das einzige Wesen, mit dem ich reden kann, ohne dass die Unterhaltung auf den Krieg kommt.“

Nichts hat sich gegenüber dem vorigen Krieg verändert. Die Soldaten, ob hoch oder niedrig im Rang, wollen etwas Lebendiges um sich haben, das sie von ihren traurigen Pflichten, Menschen zu töten und ihre Länder zu ruinieren, wenigstens kurzzeitig ablenkt.

Churchill hatte seine beiden Rufus, Stalin die Hündin Milka, Eisenhower seinen Scottie, General Patton den Bullterrier Willie, Tito den Schäferhund Lux, General Montgomery seine „Rommel“ und „Hitler“, und Hitler selbst seine Blondies, Roosevelt seinen Scotchterrier Fala, der seinen Chef um 7 Jahre überlebte und den wir noch näher kennenlernen werden. Maskottchen sollen, wie wir bereits erfahren haben, Glück bringen, und darum wollen auch in diesem Krieg jede Einheit, von der Kompanie bis zum Regiment, eins besitzen. Entsprechend hoch sind jetzt die Verluste, über die wenig Angaben vorliegen. Denn Berichterstatter der NS-Zeit wurden gegängelt und das „Herrenvolk“ A.Hs. sollte nicht darauf hingewiesen werden, dass Hunde beim Endsieg mithalfen.

So sind die meisten von ihnen verschollen, wie Bordhund Hassan von der „Wilhelm Gustloff“, oder einfach abhanden gekommen wie der besonders intelligente Boxer Tünnes, über den wir anschließend berichten werden. Es ist für U-Boote von ganz oben – das war Admiral Karl Dönitz – befohlen worden, keine Schiffbrüchigen, ob Zwei- oder Vierbeiner, an Bord zu nehmen. So berichtet der Wachoffizier vom Boot U861 später:

„Auf dem Wasser schwabbeln Planken, die Reste eines

Kutters, und ein leeres Floß, wir leuchten befehlswidrig ab, und plötzlich leuchten auf dem Floß zwei grüne Punkte. Im Lichtschein steht ein Hund, er wedelt aufgeregt mit dem Schwanzstummel und bellt. Die Mannschaft möchte ihn retten, aber ich muss es verbieten.“
So treibt das Floß langsam an unserem Boot entlang nach achtern. Der Hund bellt, läuft aufgeregt hin und her, setzt sich, hebt bettelnd eine Vorderpfote, dann winselt er erbärmlich. Er scheint zu wissen, meint die Besatzung, dass seine letzte Überlebenschance vertan ist.

Mini kam als blinder Passagier im Seesack eines Matrosen an Bord und hat dort nie das Tageslicht gesehen – „denn Hunde mit im Ausguck“, so der Kapitänleutnant, „lenken die Aufmerksamkeit ab“; was wohl stimmt. Unter dem Titel „Hunde und Wasserbomben“ berichtet August Strathmann:
„Die in der Ferne verklingenden Explosionen von Wasserbomben interessierten Mini nicht. Rückten sie näher, schaute er mich fragend an, noch näher zog er die Stirn in niedliche Falten, und begann das Boot zu vibrieren, stöhnte er wie dieses auf und verkroch sich im Seesack. Seinen Tod im Falle eines Falles hätte er gar nicht mitbekommen...“ Und wo kackte und urinierte Mini?
„Ein U-Boot ist sowieso ein schwimmendes Scheißhaus, da kommt es auf kleine Pinkeleien und Häufchen nicht an.“

* * * * * *

Hexe und Jonny vom Minenräumboot R27, behauptete ihre Besatzung, kannten nicht nur Heimweh, sondern auch die Heimatrichtung. So berichtet Kapitän von Möllendorff:

„Ging es im Kanal nach Osten und in der Nordsee nach Süden, also allemal in Richtung Wilhelmshaven, bemerkten beide zugleich die Kursänderung und begannen ihren Ausstieg vorzubereiten. Zu Hause hatten sie keine Bezugspersonen, wie wir unsere Lieben, sie wollten einfach nur unter denjenigen sein, die mit echter Freude und Musik begrüßt wurden. Dann gingen sie mit dem Koch, ihrer Hauptbezugsperson, nach Hause. Aber es dauerte keine zwei Wochen, bis jene Unruhe aufkam, die jeder Seemann kennt. Vielleicht wären sie auf dieser allerletzten Fahrt doch noch umgekommen, die am 3. Mai 1945 starten sollte. Doch da war der große Kriegsverursacher schon abgetreten und sein Nachfolger, der schon erwähnte Admiral, sah keinen Sinn mehr darin...“

Im Durcheinander der Kämpfe auf dem Land, in der Luft und auf See gingen viele Maskottchen verloren, wurden als Überläufer erbeutet und gefangen genommen; man missbrauchte sie auch zu Scherzen, wie ein russischer Augenzeuge scherzhaft einen solchen Fall schilderte:
„Ein weißer Hund kommt an, dem jemand einen deutschen Stahlhelm auf den Kopf gestülpt hat. Er schüttelte immer wieder seinen Kopf, doch der Helm war fest angeschnürt...“

Dass Hunde den Soldaten aller Armeen und Länder immer viel bedeuteten, haben nicht nur die hier geschilderten Ereignisse bewiesen. Kameradschaft, Verlässlichkeit und Treue sind in Notzeiten besonders gefragt: Hunde konnten das alles und mehr bieten – in Aschaffenburg hat man ihnen ein Denkmal gesetzt!

Leistungen der Kriegshunde

Es gab gegen die unerwartete Kälte den Aufruf zur Spende von Winterbekleidung der Soldaten im Osten. Aber auch, was wenige Menschen heute wissen, den Aufruf zur Spende „kräftiger Hunde“. Lassen wir den Initiator und Ausbilder der Hundeschlitten in seinem Buch „Verklungen Horn und Geläut“ selbst berichten:

„Wer nennt die Namen all der Gespanne, die im Geschosshagel und Schneesturm die Schlitten mit den Schwerstverwundeten sicher zurückbrachten ins Feldlazarett? …Da fallen mir die drei mächtigen Neufundländer Tom, Trix und Trapp ein, die meinen Ritt begleiten sollten, mich aber glatt abhängten. 594 von ihnen brachten sie aus der vordersten Front sicher in ärztliche Hand. Fast 600 Männer verdanken ihr Leben den Lungen, den Läufen und der unverbrüchlichen Zuverlässigkeit und Treue dieser drei Hunde. 40.000 ihresgleichen standen im letzten Kriegsjahr an allen Fronten im Einsatz.“

Am 30. Januar 1945 noch bringt die „Berliner Illustrierte Nachtausgabe“ eine Meldung, die ein Eingeständnis der Niederlage ist, dass Hunde den Truppen Sanitätsmaterial, Munition und andere Versorgungsmittel überbrächten – zu einer Zeit, da Millionen Rotarmisten, mehr als 3.000 Panzer und alle 100 Meter eine Kanone zum Sturm auf Berlin bereitstanden.

Unbekannte Sprungübungen. Beim ersten Mal brauchen die Hunde noch Hilfe und Anleitungen, schon beim zweiten Mal springen sie freudig und willig durch den Reifen.

Oben: Das Hindernis flach gestellt fliegt der Hund hinüber, höher gestellt muss er klettern, unten.

Der Pudel.

Der Affenpinscher.

Die folgenden 10 Zeichnungen stammen aus „Brehms Tierleben" und von verschiedenen Bildautoren

Die Möpse.

Der Setter.

Der Neufundländer.

Der Bullenbeißer (Canis Molossus).

Der St. Bernhardshund.

Der Vorstehhund (Canis avicularius).

Der Bluthund.

Die Dogge von Tibet.

Die Dächser.

Der Wasserwachtelhund.

Der Schäferhund (Canis pecuarius).

Er grollt, weil er noch im Auto hocken muss

„Besetzt!" und einer wartet noch

Er darf nicht mit auf den Hochsitz

Die folgenden 7 Fotomontagen zeigen Hunde mit ihrem Lieblingsessen

Tagsüber spielt er mit dem Ball und nachmittags wird dieser durch eine Kartoffel ersetzt

Diese beiden Freunde namens Kastor und Pollux aßen leidenschaftlich gern „Kartoffeln mit Stippe“, ein norddeutsches Gericht

Oben: Zwei Freunde am Abend
Unten: Er hat's Reißen in den Gliedern und muss gefahren werden

Oben; Zwei, die sich mögen. Unten; nur Blicke auf Herrchen

Oben: Viel Arbeit, vier auszuführen
Unten: Heute selten, ein angeketteter Hofhund

Na, wird sie in die Falle gehen?

Zwei enge und große Freunde

Er heißt Vorstehhund, und „steht vor"

Er ist den ganzen Hermannsweg mitgelaufen

Drei aus einem Wurf in den Bockholter Bergen

Der Autor mit einem seiner besten Freunde

Der im Buch genannte Spitz „Spitz“

Eine antike Szene in den deutschen Wald gesetzt

Ein so genannter „schicker Kerl“

Oben: Schwarz und weiß; unten Kopfstudie

Oben: Begegnung im Wald - ein Riesenhund
Unten: Kleiner Hund mit Winston Churchill

Die im Buch erwähnten Castor und Pollux

Portrait auf der Emsbrücke

Hunde im Luftkrieg

Dem Autor ist keine Statistik bekannt geworden, welche auflistet, wie viel Heim- und Haustiere bei den Flächenbombardements der Großstädte umgekommen sind. (Um die Wildtiere der Städte scheint sich auch niemand gekümmert zu haben.) Das Mitbringen von Tieren in die allgemeinen Luftschutzbunker war verboten – fand aber statt: Nur, wenn die Hunde klein genug waren, in einer Handtasche unterzukommen, und wenn alle Leute dazu schwiegen.

Frau Schliemann, geb. Schliemann, wohnte im Kanalviertel, das von britischen Fliegern bevorzugt bombardiert wurde. Ihr Zwergpinscher „Kurt vom Schliemannshof", 3, hatte mit dem ersten Alarm 1940 vom Verstand her nichts anfangen können, beim zweiten jedoch brachte er Sirenenklang, Motorengebrumm und Knallerei in Verbindung und entwich in eine nahe Lauben- und Gartenkolonie oder Schrebergarten und versteckte sich in einer Laube. So musste Frau Schliemann allein zum inzwischen gebauten Bunker gehen, voller Sorgen um ihren Kurt – würde er wiederkommen? Für den nächsten Alarm stellte Frau Schliemann eine Tasche bereit, die mit Lappen und Tempotaschentüchern wohnlich und trocken ausgestattet war. Als es den Voralarm gab, schnappte sie sich Kurt und steckte ihn in die Tasche. So war er der erste Hund des Stadtteils, der einen Luftangriff zusammen mit Menschen in einem (nicht bombenfesten) Bunker verbringen durfte. Die ersten Bodenerschütterungen brachten Frau Schliemann und Kurt zu leisem Wimmern, das die anderen Bunkerinsassen als von ihr identifizierten – nicht von ihm!

Entwarnung, Türen öffnen, Entlassung ins Freie, Angst

ums eigene Anwesen, Kurt verließ die Tasche und trottete mit heim. Das Heim brannte und wäre noch zu löschen und zu retten gewesen, wenn Kurt nicht aufgebellt hätte und durchgedreht wäre: Er rannte so schnell er konnte ins Haus und verbrannte dort…

Zwischen zwei Nächten ohne Alarm, „dunkel war‘s, der Mond schien helle“, wurde der nicht ganz astreine Schäferhundrüde „Schlappohr vom Drudenhof“ von seinem Mondkoller befallen. Den bekam er immer, wenn der Vollmond beim abendlichen Aufgang eine rötliche Färbung annahm. Früher, noch vor zweihundert Jahren, heulten die wilden Wölfe ihr Wolfsgeheul, jetzt war‘s Schlappohr allein.

„Sein Wolfsblut kollert in ihm“, orakelte Großmutter Christina düster – „Menetekel, Menetekel, Menetekel – heute Nacht stirbt jemand.“

Bisher hatte sie im Tausendseelendorf recht behalten. Schlappohr aß seinen Napf leer und machte sich auf die Pfoten. In einem fördernden Trab ohne Blicke nach rechts oder links und sonstige Ablenkungen trieb ein ungewisser Trieb ihn vorwärts, einem ebenso ungewissen Ziel entgegen. Am anderen Morgen, der Mond war im Hellen kaum zu unterscheiden, lüftete dieser Hund sein Geheimnis und stellte Christine seine neue Erwerbung vor: zwei halbstarke Hunde.

„Menetekel, Menetekel“, kommentierte sie, „du bist ein richtiges Ekel!“

Ein Jahr später gab es hier nicht nur Nacht-, sondern auch Tagesangriffe.

„Sogar sonntags fliegen diese Antichristen!“ fluchte der Pastor ziemlich unchristlich, „der Teufel soll sie strafen.“
Er kam schon durch die offene Tür herein, hieß „Bubi“, war von Beruf Hofwächter nebenan und von der Statur her eine Mischung von Riesendogge und Bulldogge, „ähnlich einem Köter der alten Griechen“, wie Lehrer der Dorfschule Richard Wagenaar kommentierten. Bubi aß zum Verlieben gern Kirchenmäuse, die ziemlich fett waren und die er in einem Happs, ohne zu kauen, schlucken konnte. Doch jetzt, Frieda die Kirchenmaus (*Mus domesticus clericalis*) war justemalen die Kirchenkatze „Crustificia“ fast ins Genick gefahren und der Pastor reagierte sofort:
„Psalmen 118, 23: Was keiner für möglich gehalten hat, das tut Gott vor unseren Augen.“
Maus, Katze und Hund erstarrten sekundenlang, da setzte die Orgel ein und dröhnte in Tierohren mächtiger als in Gemeindeohren. Wieder war der Pastor danach mit einem Zitat zur Stelle:
„Hiob 37,5: Wunderbar ist Gottes Donnerstimme, er tut unbegreifliche Dinge.“
Frieda kehrte in die Sakristei zurück, Bubi und Crustificia trollten sich friedlich nach draußen…

Ein letztes Kriegsereignis noch, als Deutschland schon zu Dreivierteln besetzt war. Als die Briten das Dorf eroberten und mit ihren Panzern kettenrasselnd durchfuhren, rasselte auch in Schafswächters Gehören der Ohrenschmalz und trieb ihn zur Wahnsinnstat: Er bellte den englischen Oberst in dessen Jeep an und der Beifahrer beschützte den Oberst und erschoss den Schafswächter.
„This is mein dog!“, fuhr ihn Bauer Fahrenhorst mutig an,

„now give mir american fresspaket!“
Das geschah und Fahrenhorst nahm seinen Hund auf den Rücken, klemmte das Paket untern Arm und warf zu Hause den Hund in den Schweinekessel, wo seine Frau ihn garkochte. Fazit:
„Ist der Hund auch niemals nett – so werden doch die Schweine fett.“

Ich habe schon mehrfach den Begriff „Kettenhund“ erwähnt, mehrfach, weil es hier in meiner Zeit zu viel ihresgleichen gab – sie bildeten Relikte einer Zeit, in der das Essen knapp war.
Was träumt ein Kettenhund am Tag?
„Möge die Kette reißen.“
Was träumt ein Kettenhund zur Nacht:
„Möge der gute junge Mann wiederkehren.“
So träumte wohl Herkules vor sich hin und meinte damit mich. Ich war am Sonntagmorgen auf den kleinen Hof geradelt, und weil ich erfahren hatte, dass seine Herrchen und Frauchen zur Kirche gingen, ging ich konsequent zu ihm und löste ihn von der Kette. Ich fuhr Fahrrad, er trabte nebenher. Man sollte meinen, dass ein Kettenhund an Bewegungsmangel leidet, doch dieser Hund lief am Tag seinen Halbkreis wohl hundertmal ab.

So glaubten wir zwei Gesundheitsapostel, im nächsten Dorf vor der Spar- und Darlehnskasse, „auf einer Bank vor der Bank“, eine Pause einlegen zu dürfen. Vorher schlug Herkules sein Wasser ab und verursachte auf dem Vorplatz eine Überschwemmung. Ich bereitete auf unserem Sitzplatz das verfrühte Mittagessen vor, das Herkules gewiss noch nie vorgesetzt bekam: Kartoffelpuffer, Berliner, Brötchen

mit Camembert und hausgemachten Quark mit Schwarzbrotbrocken darin, dazu trüben Apfelsaft gegen den Durst und das Verschlucken.
„Na, guten Appetit zusammen“, sagte ein Mann.
Herkules knurrte als Antwort, ich hatte den Mund noch zu voll, um antworten zu können. Ich weiß heute nicht mehr, warum ich „diesen Kerl“ als Kriminellen ansah, und Herkules konnte ich nicht fragen.
„Ihr Hund mag mich nicht.“
„Das kann nur an Ihnen liegen“, antwortete ich jetzt, „denn Herkules ist ein Menschenkenner ersten Grades.“
Obwohl ich den Namen nannte und meinen dazu, verschwieg er seinen und äugte unvorsichtig zum Bankgebäude. Da wurde auch ich misstrauisch. Herkules war gesättigt und setzte sich zu mir, aber gemeinsam schwiegen wir beharrlich. Da ging der Mann den Weg weiter, der hinter der Bank als Sackgasse endete.

Und wie Genosse Zufall es manchmal dreht: Ein zweiter Besucher, den ich kannte, nahte und wurde von Herkules freundlich begrüßt: Karlchen Müller, der Rendant der Bank. Was wollte er am Sonntag hier? Ich berichtete ihm, dass „ein verdächtiges Subjekt“ eben nach hinten, zum Nebeneingang der Bank gegangen und noch nicht zurückgekommen sei.
„Da muss ich mal nachschauen“, sagte Karlchen.
Herkules und ich, wir schlossen uns an, und Herkules lief zur Tür voraus und knurrte vor ihr.
„Das ist mehr als merkwürdig“, meinten wir.
Der Rendant steckte den Schlüssel in die Tür – sie war verschlossen!

„Na also“, sagte er, „es ist alles in Ordnung.“

„Nein“, behauptete ich und wies auf Herkules, der wie wild an der Tür scharrte und Einlass begehrte, „da ist jemand drin, der dort nicht hingehört und morgen oder wenn der erste Mensch kommt, nämlich Sie, Herr Müller, Geld auszahlen lassen will, das ihm nicht gehört – Banküberfälle sind Mode geworden. Lassen wir erst Herkules ein, rate ich.“

Was nun geschah, hätte auf Tonband aufgenommen werden sollen! Herkules bellte in C-moll auf, ging nach Es-dur über, schrie und jaulte dann im Diskant, bis eine zweite Stimme zum dramatischen Puccini-Sopran einfiel und in einem Gurgeln abrupt endete – so, wie Tosca sich von der Veranda in den Tod stürzte.

„Da ist schwer was los“, sagte ich wie im Theater und wir folgten Herkules. Fanden ihn in folgender Stellung: Ein Mann, der schon erwähnte, lag rücklings auf dem Parkett und rührte sich kaum, denn wenn er sich bewegte, drohte der auf ihm stehende Herkules ihm die Gurgel zu durchbeißen. (Jeder damalige Bankräuber wusste, dass dies genauso lebensbedrohend ist wie der Aufstieg zur Guillotine.) Auf diesen Amateur-Räuber war eine Belohnung von 5.000 Mark ausgesetzt, die mir, weil Herkules nicht geschäftsfähig war, voll und ganz zugute kam. Ich ließ sie der Einfachheit halber auf der Bank liegen, weil der Zinssatz damals über 5% lag, und konnte mir Jahre später einen Wunsch erfüllen: für die Hasselblad-Kamera zwei Teleobjektive zu kaufen. Herkules freilich erlebte dies nicht mehr: Er starb und wurde „anonym“ beigesetzt...

Ob ich es wollte oder nicht: Ich wurde Hundebesitzer. Und zwar durch die Besitzergreifung des Dackels „Karli“. Alle Dackel oder Teckel, jeder Besitzer weiß es, sind besitzergreifend. Karlis voriger Herr war ein echter Halodri und hatte bei einer Verlosung statt des ersten Preises den dritten gewonnen – der eben Karli war. Diese gegenseitige Antipathie steigerte sich noch, als dann ein „Käfer“ angeschafft und Karli völlig ignoriert wurde.

Karli war clever, wie man auf dem Land noch nicht sagte, also klug oder gerissen, und erkannte seine Chance zur „Homeflucht“, als die Familie zum Einkaufen „meinen“ Hof aufsuchte wollte und vor der Abfahrt ihr Auto „mit allen Türen offen“ stehen ließ. Karli huschte heran, stieg ein und machte es sich unterm Fahrersitz, ja, das ging, sehr gemütlich – ohne etwa dabei einzuschlafen. Kaum hatte Karlis Familie bei der Ankunft das Auto verlassen, dabei wieder die Türen nicht schließend, da krabbelte er hervor und verbarg sich in „Viktors“ Hundehütte, ohne den Besitzer derselben umständlich zu informieren. Und Karlis Vorhaben, sollte er es je so geplant haben, ging auf: Er blieb in der Hütte, bis das Auto durchs Hoftor verschwunden war und erkor mich zu seinem Herrn, weil er mich als ersten Bewohner des neuen Hofes ansah. Streicheleinheiten, Futterreichen, gute Worte und allgemeine Freude wegen des Neuerwerbs eines Wächters vervollkommnete den Familienanschluss – Karli machte es noch zehn Jahre, bis er irgendwo im Moor verschollen blieb.

* * * * * *

Im Moor spielt auch die nächste Geschichte namens „verlorene Hunde". „Kattenvenne" heißt ja auf hochdeutsch „Katzenmoor", und verloren gegangen sind dort seit ersten Siedlungszeiten schon viele Völker und ihre Vertreter: Kelten, Germanen, Römer, Hunnen, Flüchtlinge, Verfolgte, Verfolger, Sträflinge, Unschuldige und alle ihre Tiere und viele Werkzeuge, in neuerer Zeit Panzer, Kanonen und gar Flugzeuge und Hunde. Letztere beweisen, wie lange der Hund Begleiter des Menschen ist.

Bis vor zwei Jahren hatte auch Anita A., genannt „Knatterschiss", einen solchen „ständigen Begleiter". In Ermangelung eines zweibeinigen war es ein Vierbeiner: „Schnuckelchen", auch „Schnuckel" oder „Schnucki" gerufen und das Ergebnis einer Paarung von Terrier und Pudel, wobei die Vorteile von Züchtungen überwogen. Ich hatte ihn am Autobahnrastplatz nahe des Moores gefunden, angebunden an einen Pfahl und mit dem Gesichtsausdruck einer grenzenlosen Verlassenheit und bodenlosen Gemeinheit. So war auch Anita, ich wusste es aus ihren Erzählungen, verlassen worden, freilich ohne Angebundenheit. So, dachte ich, passen sie zueinander, und eines Abends, als sie „Blaubeerpfannkuchen à la Moor" machte, machte ich mich auf die Socken, Schnuckel gegen diese „einmaligen Leckereien" einzutauschen. Sie buk untertassengroße Kuchen und wir drei verzehrten insgesamt 50 Stück: Schnuckel 25, Anita 10 und ich 15 – Schnuckel bekamen sie nicht und er kotzte draußen 15 wieder aus; sehr zur Freude anderer unbekannter Feinschmecker.

Die beiden lebten im alten Heuerhaus einträchtiger zusammen als die meisten menschlichen Ehepaare dieser Erde, aber eines Abends blieb Schnuckel aus und ward „nimmer gesehen“. Seitdem trat Anita jeden Tag nach Eintritt der Dämmerung, wenn ihre Rufe weiter schallten als sonst am Tag, vors Haus und rief in Modulationen, die nicht jede Opernsängerin aufbrachte, zehnmal seinen Namen. Nichtsnutzige Schelme des Dorfes antworteten ihr manchmal mit Gebell- und Geheulnachahmungen und ein ewiger Single des Dorfes bot sich als Ersatz an – vergebens!

Man muss wissen, wenn man diese Geschichte glauben will, dass im Moor schon viele Relikte vergangener Zeiten beim Torfstechen und folgender Renaturierung gefunden worden waren – dennoch schlug die Meldung „Hund im Moor ausgegraben“ wie eine Bombe ein. Und lockte auch Anita zum Tatort.
„Dat is mien Schnuckeli, Herr Professor.“
Der Ausgrabungsleiter betrachtete Anita von oben bis unten und umgekehrt dreimal, ehe er auf eine Medaille deutete und antwortete:
„Dieses Fundstück deutet mit seiner Beschriftung auf eine dritte Legion der Römer hin.“
„Die habe ich meinem Hund geschenkt und umgehängt. Geben Sie sie her!“
Doch daraus wurde natürlich nichts...

Wadenbeißer Rex

Der Autor hat nicht vor, dieses Buch mit den Lebensläufen berühmter Hunde zu füllen – er kann aus eigenem Erleben und dem befreundeter Mitbürger schöpfen und ist selbst schon einmal als Jugendlicher in die Zähne eines pflicht-

bewussten Schäferhundes geraten. Das kam so:
Wir, meine Eltern und Geschwister, promenierten auf der Hammer Straße unserer Heimatstadt, damals kaum von Autos gestört, und wir Kinder spielten das Bierdeckelwerfen. Der Deckel segelte links ab, über eine Mauer und landete in einem Garten. Ich wollte ihn wiederbeschaffen und schwang mich rittlings auf die Ziegelmauer. Doch der Garten lag glattweg einen Meter tiefer als die Straße, und darum zögerte ich und rettete mir wohl das Leben. Das nutzte Schäferhund Rex zur Tat: Er sprang hoch, ohne dass ich ihn sah, und biss mir in die Kniekehle, so dass ich mit seinem Stoß dabei von der Mauer fiel – zur Straßenseite hin! Ich erspare es mir und meinen Lesern, mein Todesgeschrei zu beschreiben. Es fehlte in der Kniekehle ein Happen Fleisch, eine Sehne war nicht zerbissen, so dass Dr. Swart vom Evangelischen Krankenhaus in aller chirurgischen Ruhe nähen konnte. Ein paar Tage liegen, dann eine Weile humpeln – die Narbe ist heute noch zu sehen!

Von Foxl bis Blondi

Von Adolf Hitlers Hundefreundschaften wüsste man heute nichts, wenn er nicht Staatsoberhaupt geworden wäre. Auch wüsste man nichts von der Duplizität, welche beide wörtlich zusammenführte: der Beruf des Meldeläufers. Noch im letzten Krieg vor dem ersten Weltkrieg, (den man nicht vor dem zweiten den ersten nannte), gab es die hinteren Stäbe nicht und die Verbindung zwischen Befehlshaber einer Armee und seinen „vorne“ kämpfenden Grenadieren, Musketieren und der Kavallerie wurde von berittenen Adjutanten besorgt. (Darum, glaubt man, ist es zu den bekannten Missverständnissen vor der Marneschlacht gekommen.) Der Titel dieses Artikels scheint zu suggerieren, dass es in der Nazizeit Hunde gut hatten – für viele ihresgleichen traf das zu, aber weil Tier- und Hundefreund H.H. = Heinrich Himmler viel zu sagen und zweifellos einen Dachschaden hatte, geschah mit bestimmten Hunden etwas, was nur unter A.H, und seinem extrem gehorsamem Gefolgsmann H.H. passieren konnte: Hunde wurden auf Menschenjagd abgerichtet. Wir zitieren hier zwei Äußerungen oder Weisungen, die H.H. über den Einsatz der KZ-Hunde von sich gegeben hat:

„Hunde, die an der Außenseite der Lager revieren, müssen zu derart reißenden Bestien erzogen werden, so wie es die Hetzhunde in Afrika sind. Sie müssen so abgerichtet sein, dass sie mit Ausnahme ihres Wärters jeden anderen zerreißen. Dementsprechend müssen die Hunde gehalten werden, damit kein Unglück passieren kann. Sie sind eben nur bei Dunkelheit heranzulassen, wenn das Lager geschlossen ist, und müssen morgens wieder eingefangen werden."

„Ihm selbst schwebte dauernd vor", schreibt Rudolf Höß, Kommandant von Auschwitz, „man müsste Hunde so abrichten können, dass sie die Häftlinge ähnlich wie eine Schafherde umkreisen und eine Flucht so verhindern könnten. Ein Posten mit mehreren Hunden müsste so in der Lage sein, bis zu hundert Häftlinge sicher zu bewachen."

„Zerreißen!" „Zerreißen?" Ja, im wahren Sinn des Wortes! Dem Autor berichtete ein Überlebender von Sachsenhausen vertraulich:

„Vier Häftlinge, welche einen Fluchtversuch machten, sollten den Hunden zur Ausbildung derselben zugeführt werden. Und zwar außerhalb des Zauns, so dass wir auf Befehl zuschauen konnten. Man ließ die Ärmsten, die glaubten, auf der Flucht erschossen zu werden, mit dem Ruf ‚nun haut ab' laufen, und als sie dies taten, ließ man die bisher unsichtbaren vier Bluthunde los. Diese waren so ausgebildet, dass sie Menschen sofort an Kopf und Gurgel sprangen, um sich dort festzubeißen. Drei der Häftlinge hatten nicht lange zu leiden, weil sie nach dem Hinstürzen sofort von einem Hund an der Gurgel gefasst wurden und diese aufriss, dass das Blut hochauf schoss. So lange sie sich noch bewegten und schreiend zappelten, zerbissen die Hunde Kopf, Hals und Arme. Das vierte Opfer hatte erstaunlich reagiert und sich beim Ansprung des Hundes gebückt, so dass dieser ihn übersprang und vor ihm auf den Boden fiel. Flugs nahm der Flüchtling ihn am Wickel, am Hals sogar, und erwürgte ihn. Er rappelte sich dann auf und wagte die Flucht in den Wald – die Kugel eines Wächters traf ihn von hinten ins Herz...“

Laut Aussagen von Überlebenden ist bekannt, dass viele Lagerleiter privat Hunde hielten – vielleicht fühlten sie sich dann bei Besichtigungen und Verhören sicherer. Bis zum Ende des Krieges und damit der Lager baute sich eine richtige Bürokratie auf, „um Ordnung in die Sache zu bekommen“. Es ist klar, dass viele der KZ-Wachmänner das Ende ihrer Herrschaft kommen sahen und später lieber als „normale Hundeführer“ denn als „KZ-Aufseher“ angeklagt werden wollten. So kam die Regel zum Einsatz, „dass bei der Streifenarbeit, das so genannte Stöbern – wie es auch unter Jägern heißt – der Hund den Flüchtling stellen, verbellen und nur beim Abwehren beißen soll“. Ein Häftling sagte über den Lagerleiter Kurt Emil Schmutzler aus, er habe seinen Privathund erschossen, weil dieser seinen

Kopf auf das Knie eines Häftlings gelegt habe...

Nelli I., Nelli II., Nelli III. und Nelli IV.

Woher stammten diese vier Hunde, die nicht miteinander verwandt waren, doch mein Leben kreuzten? Sie lernten mich während meiner Landwirtzeit kennen, ich natürlich auch sie, und wir liebten uns innig und ließen gegenseitig nichts auf uns kommen - „komme, was da wolle"! Diese Zeit dauerte von 1945 bis 1954. Nelli I., ein Mischlingsrüde ersten Grades, soll ein Findelkind gewesen sein, das eines Abends vor der Haustür eines Bauernhofes in Kattenvenne in einem Pappkarton abgelegt worden war. Man päppelte ihn auf, und weil der Hof zu der Zeit nächtlich unbewacht war, behielt man ihn; sein Glück! Denn dadurch lernte er mich kennen, als ich den Hof zum ersten Mal 1938 mit einem Teil meiner Familie betrat. Er bellte nicht, als Vater und Mutter aus dem Mercedes ausstiegen, schwang sich stattdessen auf den Hintersitz und machte es sich auf meinem Schoß bequem – so, als wenn er kundtun wollte, „jetzt bist du endlich gekommen". Eine innige Freundschaft begann, die mit Unterbrechungen meinerseits bis 1948 hielt.

Wenn ich den Hof in den Osterferien, Weihnachtsfeiertagen oder zu Pfingsten und dem Rest der Sommerferien betrat und Nelli mich sichtete, dann kam er ungestüm und im Vollbesitz seiner Laufkräfte auf mich zu und sprang mir regelrecht ins Gesicht. Dann gab es in 24 Stunden nur zwei Trennungen von mir. Erstens sein Futter, das Fitten, sein echtes Herrchen, ihm mittags verabreichte und das er, Nelli, ohne Störungen aufzuessen gedachte, und die Zeit zwischen „Gute Nacht, Nelli“ und „Guten Morgen, Nelli“. Denn nachts schlief er nicht, sondern er wachte, legte sich mit Katzen an und in der Nachkriegszeit mit zweibeinigen Nachtstromern. Er ging sie hinten lautlos an und biss sie ohne Warnung in die Hacksen.

Seine schlimmsten Zeiten durchlebte er, wenn ich nicht bei ihm war. Dann durchstöberte er jeden Winkel des Hofes und dehnte allmählich seine Suche in einem großen Kreis ums Hofgelände aus. Oder er hockte still auf der Schotterstraße und schaute nur in eine Richtung, sah die Hasen, Katzen, Kaninchen und Mäuse nicht, die sein Blickfeld kreuzten – horchte nur entweder auf Vaters Auto, wenn dies kam, oder auf meine Schritte vom Bahnhof her. Und eines Tages kam ich nicht zurück…

* * * * * *

Nelli II. liebte mich abgöttisch, weil ich mit meinen Lakritzen und Salmiakpastillen haargenau seinen Geschmack getroffen hatte. Ein Hundegebiss ist ein Raubtiergebiss, nicht geschaffen, um solche herben Süßigkeiten zu verarbeiten. So leckte er die Pastillen aus meiner Hand und die Rollen und Stangen Lakritz bröckelte ich ihm auseinander. Er folgte mir auf das bekannte Holzklo mit dem Herzchen in der Tür, schlief unter meinem Bett, rannte jedes Fahrradtempo mit und sprang schnurstracks aufs Pferd, wenn ich ausritt. Ein Jäger und ich beobachteten einmal, wie er einen Hasen hochmachte = aufstöberte, bis dieser ganz außer Atem geriet, erschöpft innehielt und dann abgewürgt wurde.

Einmal durfte ich ihn mit nach Hause nehmen, damit er die Stadt kennenlernte. Er lernte die damals schlechteste Seite der Stadt kennen: SS-Männer. Er bepinkelte gerade das rechte Hinterrad eines „führerähnlichen“ Mercedes und wurde dabei von einem SS-Mann beobachtet. Ehe ich ihn zurückrufen konnte, bekam er einen schweren Tritt eines schwarzen Stiefels an die Ohren, musste sich „hau ab, du blöder Köter“ anhören und flog im hohen Bogen drei Meter weit. Als er sich aufrappelte und voller Zorn Rache nehmen wollte, war der Mann eingestiegen und das Auto fuhr an. So verbiss er sich ins Hinterrad, konnte oder wollte seine Zähne nicht aus den Reifen lösen und wurde darum drei- bis viermal im Kreis herumgeschleudert, bis er tot war.

Nelli III. war ein Stadthund, den ich im Tierheim traf und ausführte. Damals hatte ich „meinen Mäusekrieg“ eröffnet, mit dem ich viel Geld verdiente, weil Nelli ein exzellenter Mäusefänger und -ausbuddler war, und der Zoo und die Tierhändler der Stadt tote und lebende Mäuse zum Verfüttern brauchten und pro Stück 10 oder 15 Pfennig zahlten. Ich war nicht der einzige Hundeausführer der Stadt – eines Tages hatte ein Tierfreund Nelli dem Heim abgekauft.

Bleibt noch, vom vierten Nelli zu berichten. Er war ein Kettenhund. Alle meine Einsprüche beim Bauern, ihm doch wenigstens eine lange Laufleine zu lassen, so dass er den größten Teil des Hofes ablaufen konnte, blieben unerfüllt.
„Dann lassen Sie ihn doch von mir ausführen“, bat ich.
Das wurde genehmigt und war dann für Nelli stets „ein

Fest“, ein Freudenfest sogar. Nie versuchte er, mir die Leine aus der Hand zu reißen, um eigene Wege zu gehen – doch: einmal! Wir kehrten von einem langen Spaziergang heim, der uns fast bis Glandorf geführt hätte und den Nelli mit seinen Hin- und Herläufen fast auf das Doppelte verlängerte, als er noch vor mir „Getöse“ aus dem Schweinestall hörte. Das Haus, in dem sich der Stall befand, war von zwei Seiten zugänglich, wenn das warme Wetter dies möglich machte. Schweine der damaligen Ställe liebten Ruhe und Behaglichkeit und waren nicht immer, wie heute in den Großställen, auf den Läufen. Nelli vereiste auf der Stelle, er hörte und roch natürlich besser als ich, dass dort „etwas im Busch sei“ - und so war‘s auch: Mit einem gewaltigen Ruck riss er mir die Führleine aus der Hand und stürmte bellend und kläffend in das Gebäude. Aus dem er sogleich „postwendend“ und in hohem Bogen hinausbefördert wurde. Der Beförderer war ein kapitaler Keiler = männliches Wildschwein, dem Nelli bei allem Mut nicht gewachsen sein konnte und welches nun selbst ins Freie trat. In den Jagdschilderungen liest man oft, dass Keiler die Größe von Schränken und Klavieren hätten und unheimliche Kräfte entwickeln könnten. Dieser, von mir spontan „August der Starke“ genannt, wollte nun flüchten, bemerkte mich aber, fetzte in den Stall zurück und lief auf der anderen Seite aus dem Gebäude. Wir hinterher und von Nelli erneut gehetzt lief August mit voller Wucht in den Stacheldraht der Schweinewiese.

Was ich nun sah, widerspricht jeder physikalischen Logik. Um das heute zu verstehen, muss man wissen, wie damals so genannte Schweineweiden eingezäunt waren, damit die Tiere nicht in die freie Landschaft ausbrechen konnten: Alle zehn Meter, bei Rindern nur alle zwölf bis fünfzehn Meter, waren Eichenpfähle in den Boden gegraben worden, an denen, ehe Elektrodrähte benutzt wurden, Stacheldraht in zehn Zentimeter Abstand angenagelt war. In so geringem Abstand deswegen, damit die Schweine gar nicht erst Freiheitsgedanken bekamen. Nach fünf Drähten wurden die Abstände geringer, bis sie nach oben hin den normalen Abstand von etwa fünfzig Zentimetern bekamen.

Nun sah ich und sah auch der bellende Nelli, dass August „in voller Fahrt" und laut grunzend auf den Zaun zuhielt, und, um es mit der heutigen Autofahrersprache auszudrücken, „einen viel zu langen Bremsweg haben und auffahren" würde – das war falsch gedacht: Er prallte, „das Haupt" voran, in den Zaun, der klirrend riss und so nachgab, dass die Krampen, mit denen er angeschlagen war, aus dem Holz fetzten und damit so viel Platz machten, dass August durchbrechen konnte. Ich hörte ihn noch sekundenlang in der Ferne klagen = quieken und husten. Nelli verzichtete auf eine Verfolgung, weil er sich mit der Leine im Zaun verfing.

Und die Moral von der Geschicht'?
Traue einem Wildschwein nicht!
Denn die von August „besuchte" Sau warf dann später ein Dutzend ganz entzückende schwarzweiß gekleidete Ferkel, welche mit gutem Gewinn verkauft werden konnten und, nach noch späteren Aussagen städtischer Feinschmecker, „exorbitant lecker" schmeckten – mit Rotkraut, brauner Soße und Bratkartoffeln.

Nicht weit von diesem Ereignis war ich Zeuge eines Tathergangs, wie es im polizeilichen Sprachgebrauch hieß, den es wohl nicht ein zweites Mal gegeben hat. Täter waren Polizeiwachtmeister Erich Erichson, Hamsterfrau Erika, Polizei-Schäferhund „Edler vom Katzenmoor“. Tatort war der Kattenvenner Bahnhof Gleis 2 und Tatzeit das Jahr 1947 – wo alles knapp war und „gehamstert“ wurde. Zu seinem Unglück und zu Edlers Glück waren beide abkommandiert worden, hier am Bahnhof die Fahrgäste zu kontrollieren. Denn irgendeine deutsche Behörde hatte das Hamstern verboten.

Erich und Edler schritten auf Erika zu, die einen Blecheimer, in dem früher Marmelade verkauft wurde, zu ihren Füßen stehen hatte.

„Wat is da drin, gnä‘Frau?“

„Kiek doch nach, Schupo.“

(Schupo war die Kurzform vom Schutzpolizist, der einen Tschako, also Polizeihelm, auf dem Kopf trug).

„Aufmachen!“, befahl er.

Erika gehorchte und hob den Deckel ab. Im Eimer glänzte eine dickflüssige Masse, die allerlei sein konnte, Öl zum Beispiel oder Rübenkraut (Sirup), das zu der Zeit überall in Handarbeit hergestellt wurde – Zucker war ja knapp!

„Wat is datt?“

„Probier‘s doch.“

Jetzt gehorchte Erich, tauchte den Zeigefinger ein und leckte ihn schmatzend ab. Edler war sehr folgsam, höchst interessiert und begann im Eimer zu schlecken. Ich muss einfügen, dass sich eine Menge Zuschauer angesiedelt hatte, die, weil der Zug verspätet schien, schaulustig war.

„Dat is Honig“, behauptete Erich, „und is beschlagnahmt.“

„Wenn‘s denn sein muss“, jammerte Erika, „dann man tau!“

Nahm den Eimer hoch und stülpte ihn Erich auf den Helm – mit der Öffnung nach unten natürlich. Wenn es in dieser Zeit nur für wenige Mitbürger etwas zu lachen gab – hier lachten allemann und alle Frauen und Kinder, während der inzwischen eingelaufene Zug zur Abfahrt rief…

Was ich im Gedächtnis behalten habe, ist folgende Szenerie: Ein überaus mit Rübenkraut bekleckerter Polizist bemüht sich, den Eimer vom Helm zu trennen, während ein Schäferhund, aufrecht an ihm stehend, ihn von oben bis unten abzulecken versucht. Ich habe noch nie einen Hund gesehen, der ein dergleichen entzücktes, ja schlemmerisches Gesicht macht wie Edler vom Katzenmoor. Schließlich erschien ein Polizeikollege und führte beide zur Wache, wo sie sich wohl reinigen konnten. Ich zitiere in Abwandlung eines alten Spruches und falscher Erkenntnis: „Süß ist's und ehrenvoll, fürs Vaterland zu leben."

Ein Hundeklau

Oder „Wie klaut man einen Hund?" oder „Wie klaut man einen Hund samt Hütte?" Ich werde diese beiden Fragen im Lauf der folgenden Geschichte beantworten. Im Dorf hatte sich eine Initiative „pro dog" von jungen Leuten zwischen 18 und 25 gegründet, „welche dem Elend der Hunde ein Ende setzen" wollte. „Hundeelend?" Gab's das noch? Jetzt, wo das Elend eines verlorenen Krieges dem Wohlergehen eines beispielhaften Wiederaufbaus gewichen war? Es gab sie noch, jene Leute, welche Tiere nur als Arbeitnehmer ansahen und keine Lust oder kein Händchen hatten, zu ihnen ein menschlich-tierisches Verhältnis aufzubauen.

Solch ein Typus war Opa Oslage, dessen aussterbender

Hof in mittlerer Ortslage lag.
„Sie haben mich alle allein gelassen“, klagte er wütend, „der Erbe, seine Geschwister, meine Frau, Pferde, Kühe und Schweine, nur Olly ist geblieben, mein Hofhund, der mich nicht ausstehen kann, obwohl ich ihm täglich zweimal das Futter reiche – undankbares Vieh das!“
Olly, Mischling zwischen Vorsteh- und Schäferhund, war vor drei Jahren an die Kette gelegt worden und bewohnte eine Hundehütte, die ihn vor Regen, Sonnenschein und Stechfliegen schützte. Seine einzigen Spielkameraden waren Ratten, Mäuse und Spatzen, die er nach ausgiebigen Spielen aufaß.

„Ich kenne einen Landwirt in Ladbergen“, erzählte mir der zweite Vorsitzende von pro dog, „der noch einen braven Hofhund sucht.“
„Olly ist ein solcher“, antwortete ich zweideutig.
Damit war die Aktion, die nun eines Nachts anlief, beschlossene Sache. Ich besuchte in der Mittagszeit, als Opa Oslage seinen Mittagsschlaf schlief, den guten alten Olly, um auszuspionieren, wie er angekettet und seine Hütte am Haus befestigt war. Er kannte mich, weil ich ihm schon mal ein Frankfurter Würstchen zugeworfen und mit einigen netten Worten bedacht hatte. Ich konnte anhand seiner Kette die Reichweite seines Gebisses erraten und fiel nicht auf seine einladende Gestik hinein, denn bei aller Schlauheit und Schauspielerei konnte er nicht seine bösen Beißabsichten verschleiern: Er wedelte nicht mit dem Schwanz und zeigte das Weiße in seinen Augen – nach meinen Erfahrungen untrügliche Zeichen zum Packen und Zuschnappen. Als ich ging und ihm nichts zugeworfen hatte, erhob er ein wütendes, überlautes Gebell und ich machte, dass ich mit

dem Fahrrad vom Hof kam, ehe sein Herrchen erwachte. Man wusste, dass er sich nicht scheute, mit dem Schrotgewehr auf Menschen zu schießen.

So taten sich am folgenden Abend drei Männer zusammen, um Olly ein besseres Dasein zu verschaffen: Heinrich als Besitzer eines Kombiwagens, Karlchen als der beste Leisetreter des Dorfes und meine Wenigkeit als Hundekenner und Tier-Beruhiger. Wir beobachteten die Lichtverhältnisse im Wohnhaus: Abendessen und 20-Uhr-Tagesschau liefen synchron ab, dann ging im Badezimmer das Licht an und aus, desgleichen folgte im Schlafzimmer, und als wir zur Tat schreiten wollten, fiel mir ein:

„Er hat den Hund noch nicht gefüttert!"

Und tatsächlich: Das Licht im Schlafzimmer ging noch einmal an, dann in der Küche, dann kam Opa fluchend und schimpfend angeschlurft und setzte Olly seine Mahlzeit hin:

„Friss, du Bestie, und pass schön auf in der Nacht, viel Gesindel schleicht umher."

Das war gelogen und auch wieder nicht – die beiden sahen sich nie wieder! Im Nu hatte Olly seine Mahlzeit vertilgt, pinkelte und kackte sich hinter seiner Hütte aus, verzog sich in dieselbe so, dass es für uns Diebe günstig war, denn nichts, auch sein Schwanz und seine Vorderpfoten nicht, ragten aus der Hütte ins Freie. Ich hatte ja vorher ausbaldowert, dass man von hinten bei entsprechender Vorsicht am besten an die Hundehütte herankommen konnte – da machte sich Karlchen auf die Socken – das ist wörtlich zu nehmen – und schlich sich an; mit dem fraglichen Brett unterm Arm. Heinrich und ich, wir schauten atemlos aus dem am Weg geparkten Wagen zu, wie er neben der Hütte ankam und Olly ihn nicht bemerkte. Mit einem raschen Schritt trat Karlchen vor die Hütte, drückte das Brett mit beiden Händen vor den Eingang und winkte uns zu. In zehn Sekunden waren wir da und schraubten das Brett an – Olly war eingesperrt! Als er zu knurren begann, beruhigte ich ihn mit „lieber guter alter Olly, gleich gehst du auf die Reise“.

Als wir die Hütte samt Kette vom Haus abgeschraubt hatten, nahmen wir sie auf und verstauten sie im Auto – ab nach Ladbergen! Ollys neuer Herr wartete schon und in Minuten war alles wie vorher, nur zehn Kilometer weiter entfernt.

„Ich rate dazu“, sagte ich, „entweder die Hütte anders anzustreichen oder ganz zu ersetzen – man kann nicht wissen, wie weit Opa seine etwaigen Nachforschungen ausdehnen wird.“

Und wenn beide nicht gestorben sind: lebt Olly noch heute…

Dingo Tina & Tino

„Der Dingo oder Warragal (*Canis Dingo*)“, schrieb Alfred Edmund Brehm 1864, „den wilden Hund Australiens und das einzige echte Raubtier dieses Erdteils, welches nicht zu den Beuteltieren gehört, dürfen wir ebenso wenig wie die Vorhergehenden als verwilderten Haushund betrachten… Noch heutiges Tags findet sich der Dingo fast in allen dichteren Wäldern, den mit Buschwerk ausgekleideten Schluchten, in den Hainen, den parkähnlichen Steppen und in letzteren selbst…“

„Der Dingo (*Canis lupus dingo*)“, belehrt uns Wikipedia heute, „ist ein Haushund, der schon vor Jahrtausenden verwilderte und heute in vielen Teilen seines Verbreitungsgebietes vom Menschen völlig unabhängig lebt."

Der hiesige Zoo besitzt zwei dieser imposanten Tiere, einen Rüden und eine Hündin, die separat gehalten werden – deshalb vereinzelt, weil sie sich sonst „unaufhörlich" paaren und dann oft „hängenbleiben", was man *Penis captivus* nennt –worüber ich damals mit 6 Jahren natürlich nichts wusste und zu Hause nicht erklärt bekam. Als ich die beiden näher betrachtete- und sie mich- und ihre Namen las, nämlich Tino und Tina, entschloss ich mich, Tina „gerner" zu haben als Tino. Erst drei Jahre später sah ich sie wieder, und nachdem ich Bernhard Grzimeks Bücher gelesen hatte, wollte ich mit ihnen Experimente machen wie er mit seinen Frankfurter Zootieren:
„Wie gut können Raubtiere wie Hunde sehen und reagieren?"
Der Zoodirektor war inzwischen mein Freund geworden – oder ich vielleicht seiner? – und er erlaubte mir die Aktionen; die er selbst bisher aus Zeitgründen unterlassen hatte. So durfte ich seine Sachen nehmen und ein Zoowärter baute sie mir so auf, dass Tina mich nicht beißen konnte.
„Täte sie das denn?"
„Man kann nie wissen, Raubtier ist Raubtier und bleibt es."

Vier Holzkisten in der Größe eines Schuhkartons mit Öffnungsklappen vorne und hinten wurden so aufgestellt, dass ich sie vorne, von mir aus außerhalb des Käfigs gesehen, wie gewöhnlich öffnen konnte, und innerhalb des Käfigs vorne von Tina durch Druck eines ihrer Tatzen ebenfalls. Es ging um den Inhalt der Kisten. Kein Tier macht solche

Fisimatenten mit, wenn es nicht belohnt wird. Ich hatte mich bei Tina in vorigen Besuchen schon bekannt gemacht, sie kam, wenn ich sie anrief, dicht ans Gitter, so dass ich ihr ziemlich hartes Fell streicheln konnte, und auch sonst zeigte sie mir ihr Behagen, mich zu sehen. Von den Lakritz-Sachen mochte sie am liebsten die Katjes, vielleicht deshalb, weil die Reste lange zwischen den Zähnen hängenblieben.

Diesen Versuch hatte ich mir ausbaldowert: In freier Auswahl stets einen Leckerbissen, der Zoowärter gab mir einen Topf voller Gulaschstücke vom Pferd, in eine der Kisten verstecken und dabei so tun, als wenn ich alle vier bestückt hätte. Ich ließ mir tolle Listen einfallen und bemühte mich, Tina „hinters Licht zu führen“.

Nachdem ich ihr gezeigt hatte, meine rechte Hand durchs Gitter schiebend, wie sie mit einem ihrer Vorderbeine die Taste zum Öffnen der Kiste betätigen konnte, wurde sie wie ein fleißiger Schüler ungeduldig und knurrte mich auffordernd an. Nun denn – ran ans Werk! Ich ließ Tina natürlich sehen, wie ich ein Fleischstück aus dem Topf nahm, hielt es demonstrativ hoch, dass ihre Lefzen tröpfelten, und versteckte es, wie ich glaubte unauffällig, in letzten Kiste. Sie war brav, wohlerzogen sozusagen, und ging erst ans Werk, als ich „such, Tina“ sagte.

Ich will es jetzt am Beginn des Versuches zugeben, dass sie mein Tun gar nicht allzu aufmerksam verfolgte und doch stets „einen Volltreffer“ landete. Ich konnte mich noch so bemühen, menschliche List gegen tierische Beobachtungsgabe einzusetzen – wenn es Wetten gewesen wären, hätte ich jede verloren! Eine tückische List war, „so zu tun als ob“ = kein Stück Fleisch zu hinterlegen. „Denkste“, dachte wohl Tina und suchte gar nicht erst. Das Gegenstück war, alle vier Kisten zu bestücken - „denkste“, dachte Tina auch hier, „mit mir nicht!“

Doch auf meine „gemeinste Tücke“ fiel Tina herein: Den Happen hineinzulegen und mit einer kaum bemerkbaren Bewegung wieder mitzunehmen! Da mochte sie an ein Versehen denken. Direktor und Wärter schauten mir ein paarmal zu und ersterer meinte, das Ganze müsste man einer Hunde- oder allgemeinen Tierzeitschrift anbieten, „damit es unter uns Fachleuten bekannt wird“, und er beeilte sich, Fotos zu machen. Doch wegen des Krieges kam es nicht zur Veröffentlichung, „weil“, wie der Direktor es formulierte, „die vielen anderen tierischen Kampfeinsätze für den Endsieg wichtiger sind“. Immerhin erlaubte er die Fortführung meiner Versuche mit Dingo Tino.

* * * * * *

Dieser schien aus anderem Holz geschnitzt zu sein als seine Partnerin. Er tauschte nun den Käfig mit ihr und beroch interessiert die vier Holzkisten, die wohl noch seiner Nase signalisierten, dass rohes Fleisch in ihnen gelegen hatte. Ich sage es lieber jetzt statt später: Er war völlig ungeeignet für Versuche und mochte sich fragen, warum ich ihm die Fleischstücke nicht einfach hinwarf, statt ihn umständlich suchen zu lassen.

Aber er besaß die Eigenschaften des Gehorchens. So fragte ich den Direktor, der mir mehr zugetan war als allen seinen Raub- und anderen Tieren, ob ich Tino im Zoo spazieren führen dürfe, „an der Leine natürlich, ist doch klar!“

„Denke daran“, warf er ein, „dass er stärker ist als du, so dass du die Leine nicht um deine Hand wickeln darfst – er zieht dich ganz leicht durch den Zoo.“
Damit hatte er mich unbewusst auf eine Idee gebracht.
„Dann machen wir doch für unsere Besucher ein Schaulaufen, Tino und ich.“
Er schaute fragend drein und ich erklärte:
„Wir machen Tino ein Geschirr, wie es die Eskimohunde tragen, ich lege meine Rollschuhe an und er zieht mich über die glatten Wege des Zoos. Dabei kann ich ihn abrichten und so weiter.“

Gesagt, bedacht, vorbereitet und getan! Die ersten Probeläufe verliefen erfolgreich. Tino war ein echter Marathon-Läufer, der mich ohne Ermüdung durch den Zoo führte und dann entsprechend mit Essen und Trinken belohnt wurde. So wagten wir es, in den regelrechten Öffnungszeiten aufzutreten und die Besucher in echtes Staunen zu versetzen.
„Wat is dat fürn Köter, Junge?“
„Kein Köter, Herr, ein Dingo.“
„Wo isser denn her?“
„Er kommt in Australien wild vor.“
„Australien? Wo is dat denn? Gehört dat zu Deutschland?“
„Noch nicht, erst wenn wir England geschlagen haben. Dann können Sie mit Touropa hinfahren.“
Solch einen Plan hatte ich während „des Rodelns“ mit Tino bereits erträumt. Es wurde nichts draus: Zwei Monate später verließ ich mit meiner Klasse unsere Stadt, die dann bombardiert wurde – Tino und Tina, ein nettes Paar, das eine Nachkriegskarriere verdient hatte, kamen dabei ums Leben…

„Tod, wo ist dein Stachel? Hölle, wo ist dein Sieg?“

„Doktor, wird er nun wie C ausgesprochen oder wie K?“
Der Doktor untersuchte und überlegte.
„Doktor, wie bei Cäsar mit C oder Käsar mit K?“
Cäsar, der am Fußende des Bettes hockte und seinen Herrn interessiert beobachtete, horchte bei seiner Namensnennung auf und freute sich. Hatte er vielleicht Sorgen?
„Die alten Lateiner“, antwortete der Doktor nun, „haben ihn Cerberus mit C geschrieben und gesprochen, die alten Griechen Kerberos mit K.“
„Doktor, warten beide schon, stehen sie vor der Haustür?“
„Sie sind‘s Warten gewohnt, Chef.“
„Das ist keine Antwort auf meine Frage. Ich höre ihr Gebell schon.“
„Laut Herodot, Chef, warten sie stets stumm.“

Warum wird hier solch gelehrtes Gespräch geführt, an dem sich auch Rottweiler Cäsar mit „Wuff“ und „Wauwau“ beteiligt? Weil der Chef, sein Chef übrigens, dabei ist, den Löffel abzugeben. Beim Grießbrei, den man nicht zu kauen braucht, hatte er vor 99 Jahren mit ihm angefangen, jetzt kaute er gebisslos auf den genannten Problemen herum.
„Ich muss jetzt mal austreten“, verkündete Hausarzt Franke, „sonst mache ich mir noch in die Hose.“
„Wünsche eine erfolgreiche Sitzung, Herr Doktor.“
Dieser ging, Cäsar folgte ihm und machte seine „Sitzung“ stehend am gewohnten Baum. Er war natürlich eher fertig, begab sich auf seinen Platz am Fußende des Bettes und intonierte eine Melodie, die fast die Töne unserer Über-

schrift, wenn sie gesungen wird, wiedergab, (Korinther 15, 55). Dr. Franke hörte und erkannte sie bei seiner Sitzung und wusste, dass er gleich die private Krankenrechnung schreiben und hierlassen konnte – Cerberus oder Kerberos hatten ihre Beute geholt. (Er soll, laut antiker Mythologie, ein fünfköpfiger Hund gewesen sein, der heute definitiv ausgestorben ist.)

So starb der Chef eines stillen, beinahe gemütlichen Todes und wurde nur von Cäsar hörbar betrauert. Wie hierzulande noch üblich, blieb der offene Sarg drei Tage stehen, denn viele Menschen wollten Abschied nehmen und sich erkundigen, ob es stimmte, dass Cäsar ununterbrochen am Sarg Wache schob – nicht ganz: Er hatte wie alle Lebewesen sein menschliches, hier hündisches Rühren, nahm sein Essen zu sich und gab es wie üblich wieder ab. Als der Bestatter mit seinem schwarzen Wagen und den ebenso schwarzen Pferden = Rappen kam, der Sarg aufgeladen und die trauernde Verwandt- und Bekanntschaft sich formiert hatte, um den kurzen Weg zum Friedhof zurückzulegen, reihte sich Cäsar ein, indem er unter dem Sarg und dem Wagen mitlief. Der Chef war im Schützenverein gewesen, und dieser intonierte am Grab, als der Sarg in die Erde versenkt wurde, das Lied „Ich bete an die Macht der Liebe“ von Dmitri Stepanowitsch Bortnjanski, das heutzutage von einem Musikkorps der Bundeswehr beim Zapfenstreich traditionell gespielt wird. Dann kam es zu einem Zwischenfall, den der Geistliche später „skandalös“ nannte, aber alle anderen Anwesenden „als zeitgemäß und sehr rührend“ empfanden: Cäsar sprang in die Grube und blieb auf dem Sarg stehen!

„Ganz klar“, schrieb der Reporter des Tageblatts, „dass man ihn herausholte und keinen Streit mit Tier- und Hundefreunden riskieren wollte...“
Des Chefs Erbe nahm seinen Schlips als Leine und brachte Cäsar heim zum Hof in seinen Zwinger – eine Woche lang blieb er eingesperrt und wurde nur zu Spaziergängen ausgeführt, bis er ausgetrauert hatte und das Hundeleben wieder lebenswert fand...

Brehms Hundeleben

Herr Brehm, den wir ja schon ausgiebig kennengelernt haben, hat natürlich auch die Haushunde ausführlich beschrieben. Wir erlauben uns, ihn hier wörtlich in seiner Reihenfolge vorzustellen, mit einer Änderung: Der Hund des Nordens steht ganz oben! Alfred Edmund Brehm hat die Schilderung des Eskimohundes in großen Teilen dem Forscher Georg Wilhelm Steller überlassen, (1709 bis 1746), der in den kältesten Gegenden der Erde vor Ort war und diese Hunde durch und durch kennengelernt hat. Wir schließen uns ihm in Sachen Eskimohunde an.

Der Eskimohund (*Canis borealis*) ermöglicht es, dass Menschen dort überhaupt wohnen können, und demnach ist er dort das wichtigste Haustier. Sie, diese Hunde, ernähren sich von alten Fischen. Vom Frühjahr bis in den Herbst kümmert man sich nicht um sie, sondern sie gehen allenthalben frei herum, lauern den ganzen Tag an den Flüssen auf Fische, die sie sehr artig zu fangen wissen… Im Oktober sammelt jeder seine Hunde und bindet sie an den Pfeilern der Wohnung an. Dann lässt man sie weidlich hungern, so dass Tag und Nacht ihr Geheul zu hören ist...

Ihre Kost im Winter ist zweifach: nämlich stinkende Fische, die man in Gruben verwahrt und versäuern lässt. Diese sauren Fische werden in einem hölzernen Trog mit glühenden Steinen gekocht und dienen sowohl als Speise der Menschen als auch als Hundefutter. Das andere Futter besteht in trockener Speise, aus verschimmelten und an der Luft getrockneten Fischen… Man kann sich nicht genug über die Stärke der Hunde verwundern. Gewöhnlich spannt man vier Hunde vor einen Schlitten; diese ziehen so drei Menschen mit 1 ½ Pud = 40 Pfund oder 20 Kg Gewicht. (Im Winter sind Pferde wegen des tiefen Schnees nicht zu gebrauchen.) Dieser Ursachen wegen werden die Hunde allzeit nötige und nützliche Tiere bleiben und ihnen niemals bei aller Kultivierung die Last, zu ziehen, abgenommen werden. Man findet ebenso große Liebhaber von Hunden, als anderswo von Pferden, und kann leicht an einen Schlitten für Hund und Geschirr 60 bis 80 Rubel anwenden." So weit Georg Wilhelm Steller, dessen Namen die von ihm entdeckte „Seekuh" trägt...

Der Windhund (*Canis Grajus*). Hinsichtlich des geistigen Wesens unterscheidet sich der Windhund sehr von allen übrigen Verwandten. Er ist ein im höchsten Grade selbstsüchtiges Geschöpf. Aus diesem Grund hängt er auch nicht mit besonderer Treue seinem Herrn an, sondern lässt sich von jedermann schmeicheln und neigt sich zu jedem hin, der ihm freundlich ist… er ist aber auch ebenso leicht erzürnt und fletscht schon bei der kleinsten Neckerei die Zähne… Zurücksetzungen verträgt er nicht. Bei lebhafter Erregung nimmt sein Herzschlag eine kaum glaubliche Unregelmäßigkeit und Schnelligkeit an; er zittert dabei oft am

ganzen Leib… Die Jagd mit ihm ist für den Wildbestand äußerst schädlich und deshalb häufig untersagt… Am Rand der Sahara gilt ein Männer-Sprichwort:
„Ein guter Falk, ein schneller Hund, ein edles Pferd,
sind mehr als zwanzig Weiber wert."

Der Bullenbeißer (*Canis Molossus*). Als Reisebegleiter in gefährlichen einsamen Gegenden ist er nicht zu ersetzen. Es sind Fälle genug bekannt, wo er seinen Herrn gegen fünf bis sechs Räuber mit größtem Erfolg verteidigt hat… Auch als Wächter bei Rinderherden wird er verwendet und versteht es, selbst den wildesten Stier zu bändigen… Zum Kampf gegen große Raubtiere wie Bären, Wölfe, Wildschweine und Löwen lässt er sich abrichten und steht deshalb bei allen Völkern in hohem Ansehen… Anderen Hunden gegenüber beträgt er sich anständig. Er sucht nur selten Streit und lässt sich von kleineren Hunden viel gefallen. Gegen seinen Herrn ist er treu und anhänglich, ohne sich ihm aufzudrängen. Doch wenn er auf Leute gehetzt wird, ist er wahrhaft furchtbar…

Die Dogge. Ihm, dem Bullenbeißer, sehr nahe stehen die eigentlichen Doggen. Es sind sehr große und starke Tiere mit kurzer, dicker, vorn gerader abgestumpfter Schnauze, deren Oberlippen, obgleich sie an den Seiten herabhängen, vorn den Mund nicht schließen und so beständig das Gebiss sehen lassen… Die Dogge ist sehr bissig und herrschsüchtig und zeigt unter Umständen eine wahre Freude, ein anderes Tier totzubeißen. Sie wagt sich an jedes Tier. Ochse, Wolf und Löwe erscheinen einer echten Dogge noch keineswegs als unüberwindlicher Gegner.

Der St. Bernhardshund. Die Heimat dieser edlen Tiere ist das Hospiz des St. Bernhard, 7.880 Fuß über dem Meer… Dort fallen im Sommer große Schneeflocken, im Winter dagegen trockene, kleine, zerreibliche Eiskristalle, die so fein sind, dass der Wind sie durch jede Fenster- und Türöffnung zu treiben vermag… Diese häuft der Wind oft zu 30 bis 40 Fuß hohen, lockeren Schneewänden an, welche alle Pfade und Schlünde bedecken und beim geringsten Anstoß in die Tiefe stürzen. Die Reise über diesen alten Gebirgspass ist nur im Sommer bei ganz klarem Wetter gefahrlos… Jede verdächtige Spur wird unaufhörlich verfolgt, stets ertönen Signale, die Hunde werden genau beobachtet. Diese sind sehr fein auf die menschliche Fährte dressiert und durchstreifen freiwillig oft tagelang alle Schluchten und Wege des Gebirges. Finden sie einen Erstarrten, so laufen sie auf dem kürzesten Weg zu dem Kloster zurück, bellen heftig und führen die stets bereiten Mönche dem Unglücklichen zu. Treffen sie auf eine Lawine, so untersuchen sie, ob sie nicht die Spur eines Menschen entdecken, und wenn ihre feine Witterung ihnen davon Gewissheit gibt, machen sie sich sofort daran, den Verschütteten freizuscharren, wobei ihnen ihre großen Kräfte zugute kommen… Die Zahl der durch diese klugen Hunde Geretteten ist sehr groß und in den Büchern des Hospiz‘ gewissenhaft verzeichnet.

Auch auf dem Gotthard, dem Simplon, der Grimsel, Furka und allen anderen Hospizen werden vorzügliche Hunde gehalten, welche eine äußerst feine Witterung für Menschen besitzen, öfter Neufundländer oder Bastarde von solchen. Die Hospizbewohner versichern, dass diese Tiere besonders im Winter das Nahen des Wetters untrüglich anzeigen.

Der Mops. Zu den eigentlichen Doggen gehört auch ein Hund, wenn ich so sagen kann, der Mops, ein Bullenbeißer im Kleinen. Der Mops, nun fast ausgestorben, ist oder war der echte Altjungferhund und ein treues Spiegelbild solcher Frauenzimmer. Die Welt wird also kaum etwas verlieren, wenn dieses urkomische Tier mitsamt seiner Nachkommen seltener wird.

Der Dachshund. Der eigentliche Dachshund (*Canis Vertagus*) ist jedenfalls einer der eigentümlichsten und merkwürdigsten aller Hunde. Das Merkwürdigste am ganzen Hund sind die Beine, sie sind sehr kurz, plump und stark. Man ist darüber vollkommen im Unklaren, woher der auch Dackel oder Teckel oder Dächser genannte stammt, aus Spanien vielleicht; aufs Jagen soll er so erpicht sein, wie kaum ein anderer Hund. Seinen vortrefflichen Eigenschaften steht viel Negatives entgegen: Er ist nämlich listig und diebisch, bissig und tückisch, ja, er knurrt sogar gegen seinen eigenen Herrn. Und wenn er auf Jagd ist, hält ihn nichts davon ab, der Beute nachzujagen und sie zu stellen.

Wegen seiner geringen Größe, und er kann sich „lang“ machen, ist er für die Baujagd bestens geeignet. Fuchs und Dachs sind ihm körperlich überlegen, aber er jagt sie aus dem Bau, wo schussbereite Jäger warten. Er kann auch auf Hasen angesetzt werden, dessen Laufgeschwindigkeit er natürlich nicht erreicht, aber er bleibt dran und erbeutet ihn nach langen Verfolgungen doch.

Der Vorstehhund (*Canis avicularius*). Er wird auch Hühnerhund und Wasserhund genannt und entsprechend eingesetzt. „Ich habe mich seit einer langen Reihe von Jahren fortwährend damit beschäftigt, die Fähigkeit der bei uns vorkommenden Tiere zu vergleichen und mich immer fester überzeugt, dass sie alle bei weitem von einem übertroffen werden, nämlich vom gewöhnlichen Begleiter des Jägers, dem Vorstehhund", schrieb Carl Emil Diezel, 1779 bis 1860, Jäger, Forstmann und Philosoph, „dieses Tier muss jedoch, wenn meine Behauptung auf ihn anwendbar sein soll, von ganz reiner Abkunft sein und alle seine natürlichen Anlagen, namentlich einen sehr scharfen Geruch besitzen."

Der Setter (*Canis sequax*). Eigentlich ist er ein Mittelding zwischen Hühner- und Wachtelhund. Er hat ganz die Eigenschaften des Vorstehhundes, geht aber leichter als dieser ins Wasser. Man kennt auch von ihm eine Menge von Abarten.

Der Bluthund (*Canis sanguinarius*). In guten alten Zeiten wurde der als Diebsfänger benutzt und diente dem Land zur Sicherung vor Räubern. Er ist so klug, dass er die Fährte eines Diebes selbst dann noch verfolgte, wenn derselbe seinen Weg in einem Bach fortgesetzt hatte. Auch in Kriegen wurden Bluthunde angewandt, so noch im Krieg zwischen England und Schottland. Heinrich VIII. brachte sie nach Frankreich, und der Graf Essex besaß allein 800 Stück von ihnen. Man sagt, dass sie heftigen Gemüts sind und deshalb als gefährliche Tiere angesehen werden.

Der Neufundländer (*Canis terrae novae*) ist der Riese unter den Hunden. Das gewaltige prächtige Tier soll ein doppelter Bastard des großen Pudels mit dem französischen Fleischerhund sein, welche in Neufundland seine Rasse in ursprünglicher Reinheit erhalten hat. Man weiß gewiss, dass die Engländer bei ihrer ersten Niederlassung im Jahr 1622 diese Hunde noch nicht vorfanden. Mit Recht gilt der Neufundländer als eine der schönsten Rassen und ist sehr gesucht. Er ist auch der beste aller Wasserhunde, er schwimmt leidenschaftlich gern und mit der größten Leichtigkeit.

Der Pudel (*Canis genuinus*) ist seiner geistigen Fähigkeiten wegen der merkwürdigste der Hunde. Ihn zu beschreiben ist unnötig, weil jedermann ihn kennt. Ein schöner Pudel muss entweder weiß oder schwarz sein. Er kann zwar auch zur Jagd abgerichtet werden, eignet sich aber besser als Gesellschafter des Menschen. Der Ortssinn des Pudels ist ausgezeichnet. Er findet den Weg nach Hause Stunden und Tage weit her. Er läuft in der Stadt oder auf dem Land willkürlich herum, so dass er gut abgerichtet werden kann, Besorgungen und Einkäufe zu machen. Er trägt sorgfältig alle Einkäufe und lässt sich bei dieser wohltuenden Arbeit kaum ablenken.

Der Affenpintscher ist, was Gestalt und Aussehen belangt, einer der hässlichsten Hunde – ihn macht diese Hässlichkeit munter und schön. Und deshalb wird er von seinen Liebhabern eifrig gesucht und hoch geachtet. Dem Menschen im höchsten Grad zugetan, treu gegen seine Herrchen und Freunde, brav in der Verteidigung derselben. Wegen seiner geringen Größe kann er gut Kaninchen, Wiesel und Wachteln jagen.

Der Spitz ist so populär, dass jeder in Stadt und Land ihn kennt. Dieser in seiner Art ganz vortreffliche Hund wird in vielen Gegenden Deutschlands, zumal in Thüringen, als Wächter auf Bauernhöfen, oder von Fuhrleuten als Hüter ihrer Habe und Wagen benutzt. Er scheut weder Kälte, Hitze, Hagel noch Nässe und gibt nicht eher Ruhe mit seinem Gekläff, bis er Aufmerksamkeit erregt hat. Der Autor verweist auf seinen Beitrag „Spitzer Flitzer Spitz", den er gegen Ende seiner landwirtschaftlichen Berufszeit kennen- und lieben gelernt hat und der anschließend folgt.

Portrait am Angelteich

Abendsonne im Rücken

Nelli und ein Polizeihund

„Vielleicht stände es besser um die Welt, wenn die Menschen Maulkörbe und die Hunde Gesetze bekämen.“ (George Bernard Shaw)

Arminius soll ein Hundefreund gewesen sein...

Sieht bullbeißig aus, ist aber ein verlässlicher Freund

Portrait mit Zweidrittelmond am Abend

Sie hätten den Autor gern vorgenommen

Gelungenes Passfoto am Fluss

Durch die Röhre geschaut...

Die Herkunft des Deutschen Schäferhundes ist so relativ frisch und interessant, dass wir sie hier zitieren wollen: „Als Begründer dieser Rasse gilt Max von Stephanitz, der von diesem Hundetyp begeistert war. So kaufte er am 15. Januar 1898 von einem Züchter den dreijährigen Hektor, der erste im Zuchtbuch des Vereins. Dieser und sein Bruder Lux sind die Stammväter der Rasse..." (Es werden hier noch einige folgen, weil sie so fotogen sind).

Wir beginnen die Vorstellung „Mensch & Hund“ mit dem meist berühmten Hundefreund der deutschen Geschichte: Friedrich II. von Preußen, auch „der Große“ und „alter Fritz“ genannt. Er ließ nur die so genannten „Windspiele“ gelten und besaß neun von ihnen: Alkmene, Biche, Arsinoe, Thysbe, Phillis, Diana, Superbe, Amourette und Pax. Einige von ihnen ruhen mit ihrem Herrchen für immer vorm Schloss Sanssouci.

Wie die Eltern - so die Kinder. (Sprichwort)

„Guter Mond, du gehst so stille...“

1

Eine Pfeife in dem Munde, unterm Arm zwei junge Hunde
trug der alte Kaspar Schlich, rauchen tut er fürchterlich-
Doch, obschon die Pfeife glüht, oh wie kalt ist sein Gemüt.
Wozu, lauten seine Worte, wozu nützt mir diese Sorte?
Macht sie mir vielleicht Pläsier? Einfach nein, sag ich mir.
Wenn mir aber was nicht lieb, weg damit ist mein Prinzip.

An dem Teiche steht er still, weil er sie ertränken will.
Ängstlich strampeln beide kleinen
Quadrupeten mit den Beinen.

Hubs, da fliegt einer schon im Bogen.
Plitsch, da glitscht er in die Wogen.

Hubs! Der zweite hinterher -
plum, damit verschwindet er.

Aber hier, wie überhaupt,
kommt es anders als man glaubt.
Abgemacht, rief Kaspar Schlich,
dampfte und entfernte sich.

Paul und Peter, welche grade, sich entblößt zu einem Bade, gaben still verborgen acht, was der böse Schlich gemacht. Hurtig und den Fröschen gleich, hupfen beide in den Teich.

Jeder bringt in seiner Hand einen kleinen Hund ans Land

Plum, so nannte Peter seinen,
Plisch, rief Paul, so nenn ich meinen.

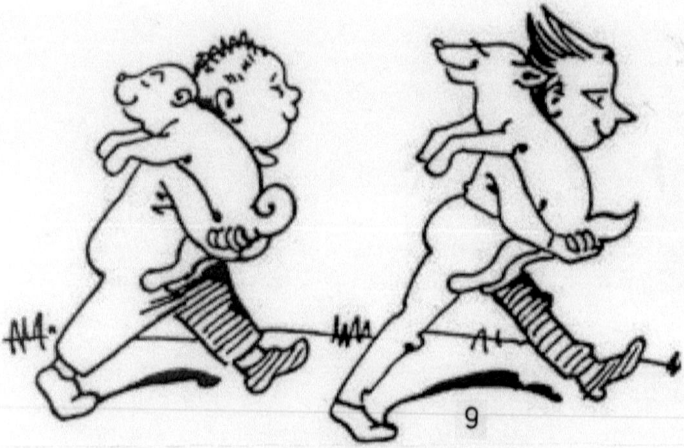

Und so tragen Paul und Peter ihre beiden kleinen Köter,
eilig doch mit aller Schonung hin zur elterlichen Wohnung.

S. – F. – S. = Spitzer Flitzer Spitz

Spitz‘ Leben und Dasein verlief bis zu meiner Ankunft auf dem Hof WW II. in Normalität und Langeweile: Erwachen, Futter, Herumlaufen, Briefträger ankläffen, Besucher ebenso, den Hofhund an der Kette anpinkeln, wenn er schlief, etwas seines Futters stibitzen, kütteln, Abendessen unterm Tisch mit Familie, Radio hören, sich auf der Diele zum Schlaf einrichten und schlafend und dösend wachen, ob Einbrecher, die nie kamen, verbellt werden müssen. Abwechslung bot nur Hauskatze Felix, mit der er sich Gefechte lieferte, die stets Felix gewann, weil sie gar nicht mitfocht. Sie hatte einmal Spitz eine Waatschen = bayerisch Ohrfeige gegeben, die im Gehirn haften blieb und nicht verjährte. Es war die Nachkriegszeit, als erste Automobile die Landes- und Kreisstraßen, gar Bauernwege befuhren und vielleicht Hofstellen ansteuerten und dort anhielten, um einiges auf- oder abzuladen. So an diesem 1. April!

Man hatte mich pünktlich zum Mittagessen abzuladen gedacht, jedoch durchs Verkehrsaufkommen verspätet. So ruhten alle Zweibeiner in der None. Was ist eine None? Wikipedia antwortet auch hier:
„Die None oder auch die Non, von lateinisch *nona hora* (neunte Stunde), ist die neunte Stunde des lichten Tages, ursprünglich von 6 Uhr an gerechnet, später nach kirchlicher Tageseinteilung von der Frühmette gegen 3 Uhr an.“
Das war dann gegen 13 Uhr an gerechnet = gleich Mittagspause! Ich kam also zur Mittagspause an, eine Pause nach dem Mittagessen – und da war es Spitz bei Leibesstrafe strikt untersagt, ein Gebell anzufangen. Im Frühjahr war die um 7 Uhr beginnende Feldarbeit besonders schwer und

da waren die Bauern nicht nur zu sich selbst großzügig, sondern auch zu ihrem Gesinde = Personal.

Ich stieg aus, nahm meine zwei Koffer zur Hand und – ging nicht ins Haus! Setzte mich auf eine Eckbank und genoss die erste None dieses Jahres in Begleitung von Spitz. Spitze sind, das weiß jeder Hundekenner, neugierig bis dorthinaus, und Spitz beroch meinen Rucksack mit Kennernase und sagte „Wuff". Ach ja, ich besaß darin noch Reste meines Frühstücks! Diese meine erste gute Tat auf diesem Hof, nämlich Spitz den Rest zu überlassen, zahlte sich aus: indem ich seine „immerwährende" Freundschaft, ja Brüderlichkeit gewann – welche leider nach meinem Abgang ein Jahr später Spitz' Tod durch „Gramanfälle" und Vereinsamung zur Folge hatte.

365 Tage, minus 14 Tage Urlaub meinerseits, mit Spitz zu verbringen war eine Erlebniszeit sondergleichen. Ich habe nicht festgehalten, wie viel Minuten ich von diesen über 500.000 Minuten, (hochgerechnet), ohne ihn verbrachte.

Ich habe Klobesuche und Pinkelpausen nicht abgerechnet –
ich habe Schlafstunden nicht abgerechnet –
ich habe das Duschen und Badewannenbaden nicht abgerechnet –
ich habe alle Essenszeiten nicht abgerechnet –
ich habe Schwerarbeiten wie Dreschen und Pflügen nicht abgerechnet –
ich habe alle schönen Stunden mit Schönen nicht abgerechnet –
ich habe das Schreiben meines Tagebuchs nicht abgerechnet –, denn er, ein Spitz namens Spitz, war immer dabei.

Das war möglich, weil Spitz
erstens weiter springen konnte als ein Ochsenfrosch;
zweitens höher springen konnte als ein Arbeitspferd hoch ist;
drittens schneller laufen konnte als jedes andere Tier des Hofes;
viertens besser mithörte als der Bundesnachrichtendienst;
fünftens strammer gehorchte als ein Pimpf (ehemaliger);
sechstens gerne klassische Musik Wiener Art hörte;
siebtens Wiener Schnitzel gern, aber kaum aß;
achtens jeder Katze auf den Nacken sprang, (meistens war's umgekehrt);
neuntens großen fremden Hunden von unten in den Bauch biss, und
zehntens mich mehr liebte als Kleopatra Cäsar, Tristan Isolde und Max Moritz!
(Wenn das keine Laudatio ist – dann gibt es keine!)

* * * * * *

Einige Spezialitäten dieses Wunderhundes seien der Nachwelt mitgeteilt. Sie zeigen, dass Spitz kein modernes Agility benötigt und sich in dieser Beziehung selbst helfen kann. Spitz schien einzusehen, dass auch ein Hundefreund auf dem Land nicht anders kann als zu arbeiten, dass die Gelenke knarren, die Sehnen ächzen und die Knochen knirschen: Bestellung, Ein- und Aussaat, erste, zweite und dritte Ernte und im Winter Holzschlagarbeiten, weil es keine Kohle zum Heizen und Kochen gab – Spitz machte aus jeder Arbeit ein Vergnügen, wenn er in meiner Gesellschaft bleiben durfte. Fahrrad fahren war eines seiner Hauptvergnügen, dann kam Reiten, Begleitung beim Pflügen und Eggen und Gartenarbeiten. Nach kaum einer Woche meines Hierseins wusste er genau Bescheid, was anstand, ob ich nun die Pferde anspannte, eine Forke nahm oder einen Spaten und eine Schubkarre. Wenn Fremde auf den Hof kamen, überließ er das Bellen seinem Freund Schäferhund, der angekettet blieb, und setzte sich leise knurrend zu meinen Füßen. Wurde der Besuch laut oder gar frech, weil es nichts zu hamstern gab, fuhr Spitz ihm an die Hosen und verfolgte den Flüchtigen bis zur Straße.

Er wusste genau Bescheid: Briefträger verfolgt man nicht, ebenso Stromableser, auch Fleischbeschauer nicht, denn sie rochen angenehm nach Blut und Fleisch; Bekannte und Verwandte der Familie erkannte er nach einmaligem Besuch und wusste auch Kinder und Jugendliche nach ihrer Tierliebe oder nicht zu unterscheiden.

„Komm, Spitz, einkaufen!“

Vorm Lenker des Fahrrades gab es einen Einkaufskorb, hinten auf dem Gepäckträger einen zweiten, und erst lief Spitz eine Weile nebenher, dann sprang er aus freiem Lauf und während ich radelte in den vorderen Korb und gab die Fahrtrichtung zum Kaufhaus durch Kopfbewegungen an. Er kannte alle Leute, denen wir begegneten, und zeigte durch leises „Wuff“, dass ich zwecks Unterhaltung anzuhalten habe. Beim Kaufmann war er bekannt als manierlicher Empfänger kleiner Naschereien, wie Brotrinde, Knabber-Brötchen und Wurstzipfel, sogar das Lakritzessen hatte ich ihn gelehrt. Hatte ich so viel einkaufen müssen, dass beide Körbe voll wurden, sprang er mir während der Fahrt auf den Schoß und wusste sich zwischen meinen Beinen haltbar einzurichten.

Hin und wieder nahm ich mir sonntags eins der Pferde vor, um es zuzureiten. Spitz folgte uns dann, hatte auch beim Galopp keine Mühe mitzuhalten, aber wenn er außer Atem geriet und zurückblieb, bellte er kurz, so dass ich anhielt, und sprang dann gekonnt vor mir aufs Pferd. Das hatte hier im Dorf noch niemand gesehen. Auch nicht, dass eine Brautpaarkutsche nicht nur mit mir als Kutscher rechts, sondern auch mit Beifahrer links durch Spitz besetzt war! Während unserer Wartezeit vor der Kirche bellte er größere Dorfköter von oben her an. Denen musste ich einen linden Peitschenhieb versetzen, damit sie nicht zu Spitz hochsprangen. Hier erfuhr ich zum ersten Mal, dass ich bei Spitz nur den zweiten Rang innehatte: denn, als das Brautpaar aus der Kirche trat und Kurs auf die Kutsche nahm, kam er nicht zu mir auf den Bock zurück, sondern bestieg an der Seite der Braut Ingrid den Ehrenplatz in der Mitte der Kutsche. Meines Rätsels Lösung: Ingrid war es, die Spitz vor einem Jahr einem Tierquäler entriss und ihn nach Hause mitnahm – das dankte er ihr lebenslang!

Damit ergab sich die für einfache Dörfler kuriose Situation, dass eine weiße Braut einen weißen Hund auf dem Schoß mitfahren ließ. Nur bis vors Hoftor, da sprang Spitz ab und kehrte zu mir zurück. Seine Spezialität des Alltags war das Eintreiben der Milchkühe spätnachmittags in den Stall, damit sie gemolken werden konnten. Das lief sehr friedlich ab – wenn man übersah, dass Spitz neben der Stalltür wartete, um der letzten Kuh ins linke Hinterbein zu beißen. Warum? Niemand wusste es. Jedenfalls geriet Spitz nach vielen gelungenen Streichen an die falsche Kuh: Diese schlug nach hinten aus, versetzte ihm einen gewaltigen Kinnhaken und schleuderte ihn zehn Meter rückwärts – „oh weh“, dachte ich, „wenn das keine saftige Gehirnerschütterung ergibt!“ Gab es nicht.

* * * * * *

Im Jahr vor meinem Hiersein und im Jahr nach meinem Abschied betätigte sich Spitz als Todesmelder. (Das ist kein richtiger Beruf, auch für Menschen nicht.) Er hatte am Bett der Großmutter Liesbeth, 86, Wache gehalten, brachte ihr eine tote Maus, die sie natürlich nicht aß und beobachtete, am Ende des Bettes sitzend, ihre letzten Züge. Er mochte ahnen, dass ihre Röchelei, ihr Gestöhne und ihre Husterei nichts Gutes verhieß, auch nicht, dass ihre letzten Worte Worte des Dankes sein sollten, doch er spitzte seine Spitzohren, als es mucksmäuschenstill wurde und die Hausmäuse unterm Bett zu wispern begannen. Es war just Nonezeit, also Mittagsruhe, in der selbst Kurt der Pfauhahn seinen Schnabel hielt. Da erfüllte Wolfsgeheul, also Spitz‘ Geheul das Anwesen, und Großvater Carlos, Liesbeths Mann, orakelte wissend:
„Nu isse daut, miene Liesel.“
Das stimmte.

Nach ungefähr einem Jahr – ich erfuhr das durch Hörensagen – war Großvater Carlos selbst an der Reihe. Er lag eines Morgens wie Liesbeth röchelnd im Bett, als Spitz, noch immer auf der Suche nach mir, das Haus inspizierte und auf Großvater aufmerksam wurde. Prompt schien er dessen Lage zu erkennen und postierte sich wie vorher am

Fußende des Bettes.
„Bist du‘s, mien Jungchen, hat mien Liesel dich geschickt, mich zu holen?“
Spitz vermochte nur, wenn überhaupt, unbestimmt zu antworten – denn wie sollte man sein verhaltenes „Wuff“ beurteilen? Und Großvater hörte sowieso nichts mehr, „denn Morgenstund‘ hat nicht immer Gold im Mund“. Spitz verließ ihn, um mich woanders zu suchen, und so geschah es, dass Großvaters Tod erst gegen 9 Uhr 30 entdeckt wurde.

Ein Unfall kommt selten allein

In diesem Beitrag muss ich auf jene Merkwürdigkeiten eingehen, denen Landleute der damaligen Zeit noch immer huldigten: Die kaum beachtete Vorsorge gegen Unfälle. Nicht nur die direkte, so dass die Vertreter der LVM meist mit leeren Taschen davongehen mussten; nein, ich meine die persönliche Vorsorge, um Unfälle überhaupt zu vermeiden. Und die Möglichkeiten, auf einem Bauernhof der Nachkriegszeit zu „verunfallen“, waren wahrscheinlicher als ein Sechser im Lotto.

Über zwei Unfälle, bei denen Spitz zugegen, aber nicht beteiligt, und ich noch nicht auf der Bildfläche erschienen war, möchte ich vorab berichten. Da hatte doch tatsächlich der zweite Sohn des Bauern seine Jägerprüfung bestanden und wollte nun als Gast im Revier „etwas schießen“, und „wenn‘s ein geringer Bock ist“ = einer mit unansehnlichem Gehörn = Hörnern. Weil Spitz ein echter Leiterkletterer war, musste er mit, zumal bekannt war, dass er infolge seines überdurchschnittlichen Gehörs jede Annäherung des Wildes an den Hochsitz eher wahrnahm als ein junger

Mann, der niemals sein Ohrenschmalz hatte wegmachen lassen.

Eine zehnstufige Leiter des Hochsitzes emporzuklettern, war für Spitz eine Klacksache – nur: wie wieder herunterkommen? Er musste dann getragen werden. Hochsitze sind oft Wartesitze: Nichts kommt, kein Aas erscheint, alle Wildschweine, Rehe, Dam- und Rothirsche halten sich woanders auf, und ein Jungjäger hat selten genügend Sitzfleisch, um drei, vier, fünf oder auch sieben Stunden abwarten zu können.

„Komm, Spitz, wir baumen ab."

Abbaumen = absteigen. Der Jäger nahm Spitz untern Arm, stieg ab und setzte ihn auf dem Boden ab. Dann stieg er wieder auf, um das Gewehr zu holen. Vergaß aber, es zu sichern oder zu entladen. Prompt rutschte es ihm unterm Arm weg, schlug unten mit dem Kolben auf und schoss – ihm durch den Hintern direkt in den Bauch – *morte est*. Er blieb in der Tür des Hochsitzes hängen und fiel nicht hinab. Dann hätte nämlich Spitz durch sein Todesgeheul Nachricht senden können.

* * * * * *

Spitzbuben gab's damals, als noch Nahrungsknappheit herrschte, aus jeder Gesellschaftsschicht, und sie waren unterwegs. Woanders, bei anderen Völkern, aß man Hunde – das hatte man im Ersten Weltkrieg auch in Europa getan. Wie Spitz, frisch aus der Pfanne geschmort, wohl schmeckte? Zur Antwort kam es nicht, denn Spitz hatte ein „Sauglück"! Er hatte sich am Nachmittag an gekochten Schlachtabfällen dick und vollgegessen, war bei Dämmerung vor der Haustür eingeschlafen und verpasste damit das Nahen eines so genannten Langfingers. Der schaffte es, Spitz mit seinen zehn langen Fingern so zu greifen, dass der keinen Pieps = Knurren von sich geben konnte und klanglos in Gefangenschaft geriet.

Mit dem strampelnden und innerlich knurrenden Hund unter der Joppe schlug der Dieb den geheimen Rückweg durchs Moor ein. Dort würde er ihn abmurksen, auf einen Spieß stecken und überm Lagerfeuer rösten: hm, wohl lecker! Der Pfad durchs nasse und glucksende Moor war schon tags gefährlich – und siehe und höre da: Anubis, Gott der Hunde, griff nun ein! Er ließ den Dieb über einen querliegenden Ast stolpern, mit der Vorderseite nach unten fallen, wobei Spitz seinen Händen entglitt und freikam, und mit dem Kopf so tief in eine Moorkuhle geraten, dass er dort trotz allerlei Versuchen und Zappeleien ertrank. Spitz fand den Weg nach Hause zurück und versuchte zu melden – niemand verstand ihn. Nach einem Jahr intensiver Fäulnis wurde das Opfer gefunden, identifiziert und, weil er zu Hause von seinem Vorhaben geschwatzt hatte, alles rückerinnert – Spitz war wieder einmal der Held des Tages. Wir verlassen ihn jetzt und wenden uns einigen seiner Artgenossen zu.

* * * * * *

„Adel“, heißt es in einem Sprichwort, „schützt vor Torheit nicht.“ Durch Torheit kamen auf einer hochherrschaftlichen Treibjagd sowohl Herrchen Heinrich Baron zu Guttlingen als auch DD-Rüde Gido von Guttlar ums Leben. Es war zur Jagd auf Fasane, Rebhühner und Ringeltauben geladen worden, und beide Genannten standen zufällig unter einer Stromleitung – keine von den ganz Großen, dann wär‘ nicht passiert, was passierte! Das Wild, von Hunden gestöbert, flog auf, Schüsse krachten, Treffer fielen, auch die zufällig getroffene Stromleitung, nämlich auf den Gewehrlauf des Barons. Der brach sofort tot zusammen. Gido eilte zu ihm, trat auf das am Boden liegende Kabel und brach sofort tot zusammen. Später ist nie geklärt worden, wer hier statt mit Schrot eine Kugel geschossen hatte…

„Sie sollten längst zurück sein“, grollte Mutter Irene von Greitling mürrisch, „denn gleich kommen die Gäste – immer muss ich alles allein machen!“
Mit „Sie“ meinte sie ihre Tochter Grete, deren Trakehner Allenstein und den begleitenden Hund Basedow. Dieser kehrte nach einer Stunde zurück, war müde, machte „down“ und ließ sich nichts anmerken, ob und was geschehen war. Verdacht kam auf und verdichtete sich, als auch Allenstein völlig k.o. antrabte und in seinen Stall ging. Man übersah die vielen Hornissenstiche in seinem Fell. „Warum?“, grollte Irene, „hat Gott Tieren nicht das Sprechen gelehrt!“ Trotz allem, man suchte „mit Mann und Ross und Wagen“ und verfolgte ihren bekannten Reitweg. Dort, an einer Böschung, sah man, dass Grete und Allenstein plötzlich abgewichen waren, der Hund selbst musste vor Überfällen wehrhafter Insekten flüchten, flüchtete in die richtige Richtung und fand die Reiterin. Diese hatte, als Allenstein scheute und durchzugehen drohte, sich nicht rechtzeitig vom Pferd geworfen und war von einem Ast, den das Pferd unterlief, aufgespießt worden.

Warum Bauer Fred Tapenhorst ein Pferdeprügler war, blieb allen seinen Verwandten und Bekannten rätselhaft. Er selbst spürte wohl, dass er zu leicht erregbar war, um mit Tieren zu deren Zufriedenheit umgehen zu können.
„Wie steht es mit einem Trecker?“, fragte seine Frau Ingeborg, besorgt um einen Herzinfarkt seinerseits, „wie man hört, kommt man um solche in Zukunft nicht herum. Willste nicht mal fragen, was die kosten?“
Das wollte und tat er. Er fand beim Händler einen Deutz F1M414 in grün mit 11 PS, der wendig war und ihm so gut gefiel, dass er sogar seiner Frau befahl, ihn sich anzuschauen. Sie war so begeistert, „mein Gott, die Stärke von elf Pferden, und ich kann sogar mitfahren, Mann, den kaufen wir – ich habe sogar ein paar Tausender zurückgelegt, für alle Fälle“, dass sie sich nach zwanzig Jahren mal wieder umarmten und sofort aufsteigen wollten. Das Gefährt kostete nur 2.000 DM.
„Tritt deine blöden Pferde in den Hintern“, empfahl sie, „brauchste dann nicht mehr zu füttern, zu striegeln und beschlagen zu lassen.“
Das war wohlgesagt. Gemeinsam machten sie je einen Führerschein – das war wohlgetan, wie sich herausstellen sollte. Paulus, der Rappwallach, war schon so gut wie verkauft und sollte morgen abgeholt werden; die Stute Angelika wollten sie vorerst für kleinere Arbeiten und wegen des gut brauchbaren Mistes behalten. Fred machte am nächsten Morgen einen Fehler, der einem alten Kenner von Pferden nicht unterlaufen sollte: Gemeinsam mit Hofhund Fridolin näherte er sich dem Stall und achtete nicht darauf, dass Paulus mit seinem mächtigen schwarzen Hinterteil der Tür zugewandt stand. Als Fred die Tür öffnete, knallte ihm

Paulus beide Hinterbeine vor den Brustkasten, dass ihm die Luft wegblieb – für immer! Er fiel nach hinten um auf Fridolin, dem dadurch auch die Luft ausging – zwei Tote also. Fazit: Ingeborg kaufte den grünen Traktor dennoch und avancierte damit zur begehrtesten Witwe des Dorfes – baldige Hochzeit inklusive Hund nicht ausgeschlossen.

Doch Trecker und Hund brachten auch nicht das Glück in ihr Haus. Denn ihr neuer Mann, der dreißig Jahre lang im Auf und Ab des Pflügens und Eggens verbracht hatte, war zwar glücklich, gemeinsam mit Hündin Klara arbeiten zu können, doch schlief er einmal ein, als er anhalten, wenden und in entgegengesetzter Richtung weiterpflügen sollte. Der Trecker konnte seine Absichten nicht erkennen und fuhr geradeaus weiter, durchbrach einen Zaun und stürzte dann den Lengericher Kalksteinbruch hinab. Ein Arbeiter unten beschrieb den Unfall der Zeitung:
„...ich hörte den Traktor sich der Abbruchkante nähern, dann sah ich den Hund abspringen und nach unten kollern, ihm folgte der Trecker und diesem der Fahrer – klar, je schwerer, desto schneller flogen sie. Es war ein gehöriger Bumbs, als das Gerät aufschlug und der Motor noch ein paar Sekunden weiterlief und dabei wie ein Elefant ächzte...“
Dobermann Klara wurde im Hausgarten beigesetzt, wo dann im nächsten Jahr die Radieschen besonders große Früchte brachten, Ingeborgs Mann natürlich auf dem Dorffriedhof, wo sie Egon kennenlernte, der später ihr Dritter wurde und mit ihr noch Silberne Hochzeit begehen konnte, bei der auch Rottweiler Egon schon anwesend war – wie heißt es doch bei Schiller: „...ich sei, gewährt mir die Bitte, in eurem Bunde der Dritte“.

Einen im engen Wortlaut einzigartigen Tod fand Spitz-, Terrier- und Dackelmischling und Mäuse- und Rattenfeind Timo beim Dreschen. Ja, diese verdammten modernen Maschinen! Früher, als die Drescher noch ihre Flegel schwangen, wäre dabei niemals ein Hund zu Tode gekommen! Aber heute… (1950)?

Die im Sommer geernteten Garben von Roggen, Weizen, Hafer und Gerste wurden in Scheunen und Dachboden gelagert, um in den Wintermonaten ausgedroschen zu werden. Damit bekamen Ratten und Mäuse ein Eldorado auf Zeit zugewiesen, in dem sie sich vollfressen konnten. Und was tun satte Nager, wenn sie satt sind? Sie vermehren sich. Das ging also von August bis November, wenn sie Pech, oder bis zum März, je nach Arbeitsanfall des Unternehmers, wenn sie Glück hatten – dann hatte die dritte Generation schon die vierte gezeugt. Viele Esser des Hofes versuchten diese Entwicklung negativ zu beeinflussen: Schleiereulen, Steinkäuze, Marder, Großes und Kleines Wiesel, Hauskatzen und Hofhunde mochten 50 von 100 verputzen, Seuchen und Zecken noch einmal ein paar Prozente – was half das!

„Morgen, Montag wird gedroschen“, sagte der Hausherr, ohne dass die Mäuse mithörten. Diese Arbeit erforderte auch die Hilfe der Nachbarn. Denn jede Garbe musste mit einer zwei- oder dreizinkigen Heugabel weitergereicht werden, bis der oberste Maschinist sie fassen und der elektrisch betriebenen Maschine in den Schlund werfen konnte. Diese trennte Stroh und Korn voneinander, warf das Stroh aus und ließ das Korn in Säcke rieseln, die, wenn sie voll waren und fast einen Zentner wogen, von starken Männern auf dem Rücken in eine Kornkammer getragen wurden. Je mehr Garben ausgedroschen wurden, desto geringer und kleiner wurde das Eldorado der Nager – welche sich nach anderen Unterkünften umzusehen begannen.

Um das so viel wie möglich zu vermeiden, wurden vierbeinige Mäusefresser und -totbeißer eingesetzt: hier waren es die Terrier Romeo und Julia. Sie wussten, dass sie zur Mittagspause von Großmutter separat gekochte Ratten zu essen bekamen, darum versuchten sie sie vorrangig zu packen und totzubeißen. In einer Verfolgungsjagd übersahen beide, dass sie zu weit sprangen: Sie landeten im Schlund der Dreschmaschine. Die sie zerhackte und dann wegen Verstopfung angehalten wurde – Oma konnte die stinkige Rattenkocherei bleiben lassen…

* * * * * *

Castor und Pollux

„Es sind Zwillinge", sagte der Dr. med. vet. Eiermann, „eineiige Zwillinge."

„Halleluja!" rief Dr. phil. Hubertus Liebermann, Studienrat.

„Da schlag der Deubel drein!", begeisterte sich Dr. phil. Huberta Crinolina Liebermann, Studienrätin. Sie umarmten sich wie echte Eltern, denen es nach zehn Jahren endlich gelungen ist, ihre Art zu erhalten. (Es ist für mich als Reporter schier unmöglich und widerspricht den Anstandsregeln, die für ein solches Buch wie dieses gelten, ihre Schilderungen und Bemühungen schriftlich wiederzugeben, ihre Gene der Nach- und Umwelt zu vermachen)!

„Für die beiden niedlichen Hunde kann es nur einen Dop-

pelnamen geben“, sagte der Tierarzt.
„Romulus und Remus“, sagte Hubertus.
„Max und Moritz“, sagte Huberta.
„Tristan und Isolde“, gab Hubertus zu bedenken.
„Romeo und Julia“, fügte Crinolina hinzu.
„Kastor und Pollux“, ergänzte Dr. Eiermann.
„Kastor mit K oder C?“, fragte Hubertus, der ein geistiger Erbsenzähler war.
„Mit C“, befahl Crinolina, die Ähnlichkeit mit Messalina aufwies.
(Der Tierarzt dachte, „welch ein Theater dieses Ehepaar inszeniert hätte, wäre es um Humanzwillinge gegangen“)!
„Abgemacht“, setzte sich Hubertus durch.
„Ja, abgemacht“, gab Crinolina nach und nahm die beiden Nachkömmlinge an die Brust – nicht um sie zu stillen!

Bei aller Aufregung, Ausgelassenheit und Freude hatte man eines übersehen und vielleicht auch überhört: die Mutter! Nun war sie still und heimlich heimgegangen zum Hundegott Pluto – also gestorben. Man schwieg eine Weile, während der Doktor sie untersuchte, bis Hubertus und Huberta unisono zutiefst traurig und unisono vor sich hinsagten:
„Dann sind Castor und Pollux auch hops.“
„Nein“, sagte Dr. Eiermann, „ich nehme sie mit in meine Praxis, da habe ich eine Hündin mit drei Jungen, und sie säugt gewiss noch zwei Hündchen zusätzlich.“
So geschah es und wir werden weitersehen. Vorab eine Aufklärung: Wer waren oder sind Castor und Pollux?
1.) Ein aus der altgriechischen Mythologie stammendes Zwillingspaar,
2.) ein Sternenpaar im Sternbild „Zwillinge“,

3.) zwei nebeneinander stehende Hochhäuser in Frankfurt am Main,
4.) zwei Gipfel in den Walliser Alpen,
5.) zwei Elefanten,
6.) eine Oper von Jean-Philippe Rameau,
7.) ein Doppelberggipfel der Antarktis und
8.) jene zwei Hundebabys, die wir bereits kennengelernt und die es in sich haben – nur von ihnen soll hier die Rede sein.

* * * * * *

Doktor Eiermann hatte nicht zu viel versprochen: Seine Terrierhündin Tina merkte gar nichts davon, als seine Sprechstundenhilfe Gisella ihr die beiden winzigen Neulinge ans Gesäuge legte und ihnen half, die Zitzen zu finden. Es passte gut, dass die drei vier Tage älteren Jungen zu der Zeit den Schlaf der gesättigten machten. Hubertus und Huberta kamen bald nach und betrachteten gerührt die Idylle, welche hier stattfand. Tierärzte arbeiten ja nicht auf Krankenschein oder Überweisungen und Dr. Eiermann stellte bei echten Rassehunden immer die Blutgruppe fest. So auch hier am nächsten Tag – eine Maßnahme, welche nicht nur das Honorar erhöhte, sondern auch, wie wir erfahren werden, von Bedeutung sein sollte.

Hubertus ließ derweil einen Bausatz „Hundezwinger aus Holz“ kommen, welcher beileibe kein Zwinger war, sondern eine Heimstatt. Er wurde im Garten aufgebaut, direkt mit Zugang zum Kellerfenster, so dass Castor und Pollux nach der Vorstellung ihres Herrchen-Paares jederzeit zwischen Wohnung, Keller und Garten wählen konnten

– „es wird ein Hundeparadies werden“, meinten er und sie. (Dass es durch fatale Hindernisse zeitweise unterbrochen sein würde, konnte jetzt niemand wissen.)

Hubertus und Huberta, ein Lehrerehepaar mit nachmittags frei, fuhren jeden Tag per Fahrrad in die Praxis von Dr. Eiermann und sahen ihre Kinder von Woche zu Woche wachsen und gedeihen und lehrten sie so, wer ihre Eltern waren. Rottweiler sind sehr gelehrig, sowohl im Lieben als auch im Geliebtwerden. „H&H“ wussten vom Werdegang der Welpen so gut (schlecht) wie nichts, und weil der Autor meint, dass es vielen potentiellen Hundefreunden nicht anders ergeht, möchte er hier einen Beitrag „Von der Geburt bis zur 12. Woche“ beifügen.

* * * * * *

Während der genannten Zeit durchlebt ein Hundewelpe eine Entwicklung, die viel Ähnlichkeit mit denen anderer „Säuger“ hat – mit dem Unterschied, dass ein Neugeborenes wenig von dem aufweist, was es mal werden will. Doch geht alles rascher voran als beim Menschen. Denn in den ersten 12 Lebenswochen finden bei mittelgroßen Hunden die wichtigsten Schritte statt. (Weil für „saugende“ Säugetiere die erste Muttermilch, genannt Kolostrum, überlebenswichtig ist, ihre Amme diese natürlich nicht mehr zur Verfügung stellen konnte, besorgte Dr. Eiermann diese kurzerhand von einer anderen Mutter und gab sie Castor und Pollux durch eine Pipette ein. Das war die Rettung.) Welpen verdoppeln in der ersten Woche ihr Geburtsgewicht, was man als Kontrolle streng verfolgen sollte. Es gibt, nicht jedermann weiß es, auch bei äußerlich „verwandten Säugern“, einige Unterschiede: Zum Beispiel bei Hasen und Kaninchen – die Hasenmutter gebiert als Bewohnerin der freien Landschaft „fertige Junge“, die Kaninchenmutter als Baubewohnerin wie die Hundemutter nackte und völlig hilflose Junge. Diese können ihre Beine noch nicht gebrauchen und duseln und watscheln umher und stärken damit ihre Beinmuskulatur. Um dabei die Quelle der Muttermilch überhaupt zu erreichen, können sie von Anfang an riechen, schmecken und reagieren. In den nächsten 14 Tagen öffnen sich Augen und Ohren, sie selbst erweitern ihr Spektrum an Lautäußerungen, ihre Beine können sie ab dem 15. Tag tragen und richtiges Laufen haben sie nach der 3. Woche auch erreicht. Und die Zähnchen? Die ersten Versuche von Unabhängigkeit? Ihr angeborenes Verhalten und der ebenso angeborene Hang, „ein eigenes Leben zu führen“? Diese Probleme beginnen jetzt und sind nach circa 12 Wochen fast ausgebildet. Je nach Rasse und Charakter gibt es nun eine lange oder kurze Angstphase. In Deutschland ist geregelt, wann die Jungen von der Mutter getrennt werden dürfen: ab der 8. Woche. Das mag bei zwei Jungen genügen, wie in unserem Fall.

Hunde und das Fernsehen

Hubertus und Huberta wollen sie nun ins fertig gestellte Heim mitnehmen. Dr. Eiermann kannte diesen Übereifer, hielt ihn aber für falsch. Darum schlug er vor, dass „die ganze Bagage dorthin umziehen und erst nach weiteren drei bis vier Wochen getrennt werden sollte“. Gedacht, besprochen und getan. Weil gleichzeitig die Sommerferien begannen, machte das für Hubertus und Huberta keine Schwierigkeiten. So lebten dann im neuen Hundedorf, siehe Abbildung, zwei Mütter und fünf Kinder friedlich beisammen. Zum Ende der Ferien erfolgte die Auflösung der Wohngemeinschaft. Und da trat ich auf den Plan!

Und wurde sofort begeistert aufgenommen. Etwas Leckeres mitbringen, Streicheleinheiten verteilen, Fotos machen und Spaziergänge in die ländliche Gegend veranstalten – das ist für alle Waisenkinder der Welt etwas Feines! Bei diesen Gängen mit dem Zweierpack an der Zweierleine übersah ich nicht, dass drei-oder viermal ein Auto uns beobachtete – natürlich nicht das Auto – sondern zwei junge Männer und, die Hauptsache hier, ich mir das Kennzeichen wegen seiner Seltenheit merkte: Erst das Ortskürzel, das hier ungenannt bleiben muss, und dann 333. Denn ich gehöre noch zu jenen Schülern, deren Geschichtslehrer Lehrhilfen dieser Art benutzten:
„Drei – drei – drei – bei Issos Keilerei." Es bedeutet, dass Alexander der Große 333 vor unserer Zeitrechnung dort die Perser in einer großen Schlacht schlug.

* * * * * *

Castor und Pollux hatten sich bereits nach Schulanfang daran gewöhnt, dass sich Herrchen und Frauchen frühmorgens um sie kümmerten, dann aber fortgingen und erst nach 14 Uhr wieder erschienen. Bei meinen Besuchen lernten sie mich fast besser kennen, so dass sie mich zu verehren begannen – geht das überhaupt bei Hunden? Doch, das geht, wenn man wie ich eine Geheimwaffe mitführt: Lakritz! Schon galt ich als Familienberater gegen renitente und schwer erziehbare Hunde und war auf der Straße und bei Spaziergängen im Stadtpark von Hunden regelrecht überfallen worden, wenn ihnen der Duft aus meiner Jacken- und Hosentasche in die Nasen geriet.

Darauf basiert die folgende Geschichte, die in alle Hundegeschichtsbücher eingehen sollte. Ich schlenderte mit der Leica bewaffnet und auf der Jagd nach Hundefotos durch den Stadtwald und sah von weitem schon das Ehepaar Meyer, (Name geändert), voller Stolz zwei Hunde spazieren führen, welche nicht voran liefen, sondern sich offenbar recht widerwillig ziehen ließen – wie Kinder, die keine Lust haben, adrett und ordentlich ihren Eltern zu folgen. Ich setzte mich auf eine Bank, um die zwei seltenen Pärchen zu erwarten und dann wegen Fotos anzusprechen. Mein Gesicht muss wohl immer länger geworden sein, als meine Augen dem Gehirn meldeten: „Das kann doch nicht wahr sein!“ Die Wahrheit war: Da kamen Castor und Pollux heran! Ich sah sie genau an und rührte mich nicht, sie aber sahen genauer mich an, ich roch sie nicht, sie mich aber – und da gab‘s kein Halten mehr. Sie preschten los, rissen Frauchen die Leine aus der Hand, dass sie beinahe stolperte, und überfielen mich kläffend und mit den allen Hunden zustehenden Äußerungen der kompromisslosen Freude. (Ein Sprichwort, wenn ich es richtig behalten habe, sagt neckisch):
„Sich wieder sehen macht Wiedersehen zur Freude!“

Inzwischen war das Ehepaar herangekommen und freute sich nicht mit, und er sagte:
„Sind Sie ein Hundefänger?“
(Früher gab es diesen Beruf ja).
„Ich nicht“, antwortete ich entschlossen, „aber Sie.“

Leute sammelten sich, um zuzusehen und mitzuhören, wie wir uns käbbelten und die Hunde ihren Mäulchen in meine Hosentasche zu stecken versuchten.
„Sie haben da ein Lockmittel drin?"
„Ja", antwortete ich, „da fällt jeder noch so gescheite Hund drauf rein, auch Castor und Pollux."
„Wer sind Castor und Pollux?"
„Nun, die beiden jungen Rottweiler hier."
„Ich glaube", tuschelten sich Herrchen und Frauchen zu, „wir sollten jetzt die Polizei anfordern."
„Ich bitte drum", sagte ich, „nehmen Sie doch bis dahin Platz."
Und ich rückte zur Seite.
Wie lange haben Sie die beiden Hunde schon?", fragte ich.
„Soll das ein Verhör sein?", fragte Herrchen.
„Genau das, mein Herr. Denn Sie haben sie geklaut. Ich weiß genau, wem sie gehören und rufe sie jetzt an."

Hubertus und Huberta waren zu Hause, hatten den Verlust der Hunde bereits gemeldet und Polizisten waren dabei, Fingerabdrücke vom Balken des Tores zu nehmen. Ihre Freude artete in Raserei aus, als ich berichtete; in Nullkommanix kamen sie noch vor der Polizei hier an. Was soll ich lange berichten! Tatsache ist, dass die beiden jungen Männer, deren Auto Nr. 333 ich beobachtet hatte, die Sache ausbaldowert hatten, nachdem sie vom genannten Ehepaar beauftragt worden waren: „Wir möchten gerne zwei junge niedliche Hunde kaufen, mit denen wir unsere Spaziergänge machen können." Aber erst, nachdem Dr. Eiermann anhand der Blutproben nachgewiesen hatte, dass Castor und Pollux geklaut worden waren, durften sie in ihr Hundedorf zurückkehren. In Zukunft wurde dieses natürlich streng abgeschlossen. Dass die beiden Spitzbuben ihre polizeiliche und richterliche Quittung bekamen, ist selbstverständlich. Ein paar Monate später, im Alter von einem Jahr, hätten Castor und Pollux sich gewiss nicht entführen lassen, denn sie wurden rabiat gegen Fremde und meldeten diese mit sonorem, weithin schallendem Gebell. Wenn sie mich mit dem Fahrrad kommen sahen, dröhnte ihr Freudenbass durchs Land, denn ich war und blieb der einzige Mensch, der sie in freier Landschaft laufen lassen konnte. Kreuzte ein Hase ihren Weg, lief ein Fasan auf dem Sandweg davon, huschte ein Hermelin im Schnee umher – dann blieben sie stehen und warteten auf meine Verneinung durchs Kopfschütteln. Sie bettelten mich nie an, denn sie wussten, dass sie Leckereien auch ohne Betteleien dargereicht bekamen.

Ich habe im ganzen Leben nur noch ein Hundepaar namens Castor und Pollux kennengelernt, siehe Foto anbei, die ein echtes Paar waren und deren Herrchen, ein Dr. phil., seine Doktorarbeit über „die antiken Köter", wie er sagte, geschrieben hat. Er hängte auch einen Artikel an, der wenig Angenehmes betraf und heute noch gültig ist. Das veranlasste mich, im folgenden Artikel Unangenehmes mit Angenehmem zu kombinieren.

Hunde essen und Hundeessen

„Wer isst denn heutzutage noch Hunde?"

Diese Frage fiel mir ein und ich wollte die Antwort wissen. Dazu braucht man heute keinen Brockhaus und einen Meyer nicht, doch ein Internet und dessen Bequemlichkeit. Was man dort liest, spottet für einen Hundefreund jeder

Beschreibung. Ob man es glaubt oder nicht: Millionen Menschen essen Hunde! Sie leben hauptsächlich in China, Korea, Indonesien, Taiwan, Mexiko, den Philippinen, Polynesien, Vietnam, in der Arktis und Antarktis und der Schweiz! Die Menschen dort wundern sich, dass die Europäer Schweine essen, dazu Hasen, Kaninchen und jede Menge wilder und zahmer Vögel! Die Chinesen sollen die ersten Menschen gewesen sein, die den Wolf zum Hund machten, aber nicht zum Freund, und ihn lieber aßen als seine angeborenen Fähigkeiten für sich spielen zu lassen. Wir müssen ihnen viel verzeihen, besonders, weil es traditionell und zeitweise eine Armut gab, die wir uns heute kaum noch vorstellen können – für die kleinen Leute! Es ist jedoch leicht vorstellbar, dass man nicht gewillt war, mittelgroße und große Hunde gewähren zu lassen, wenn sie durchs Land streiften, und man mit ihnen keine Freundschaft pflegen konnte.

Wer das nicht glaubt, sei auf die Hunde-Zustände zum Beispiel auf Teneriffa und in der ländlichen Türkei verwiesen, teilweise auch auf den Balkan. Hundebanden scheinen dort Tradition zu haben, wie sonst konnte Jesus sagen „Hütet euch vor den Hunden...“ und „gebt nicht das Heilige den Hunden“ und „die Hunde werden dein Blut lecken“. Es war natürlich nicht immer und überall so, dass der Hund als der beste Freund des Menschen angesehen wurde – dazu kamen Hungersnöte infolge von Kriegen, Misswirtschaft und Missernten: da wurde alles Lebendige und Greifbare gegessen, von der Erdkröte über Ratten bis zu den lebensnotwendigen Pferden zur Ackerbestellung; der Haus- und Hofhund stand nicht an letzter Stelle in dieser

Aufzählung.

Der Autor wagt es hier, aus seiner landwirtschaftlichen Zeit zwischen 1945 und 1954 zu berichten. Tatsächlich stellte er fest, dass in der langen Liste tierischer Hofbewohner der Hund, meist an der Kette gehalten, nicht mehr als ein notwendiges Übel war. Selbst der Dorfpastor regte sich auf, wenn ein Hund seinen Blick in die Kirche warf und regte sich nicht auf, wenn dieses auch die Katze tat – beide fingen doch etwaige Kirchenmäuse! Solche Geistlichen, die es heute noch gibt, seien an den Heiligen Franz erinnert, der es sich zur Aufgabe machte, die Beziehungen zwischen Mensch und Tier zu verbessern: „Tiere sind nicht weniger wertvolle Lebewesen, da sie genau wie wir Menschen von Gott kommen!“

„Dass mir mein Hund das Liebste sei,
sagst du, oh Mensch sei Sünde –
doch mein Hund bleibt mir im Sturme treu,
der Mensch nicht mal im Winde.“

* * * * * *

„In welcher Form,“ fragte ich einen pensionierten Zoowärter, der es wissen müsste, „werden denn Hunde dort zubereitet, wo man sie isst?“

„Im Prinzip“, antwortete er, „genauso wie deine Mutter ein Spanferkel, ein Huhn oder eine Gans essbar macht,“

„Haben Sie schon Hundebraten gegessen?“

„Ja, in der Nachkriegszeit, als meine Familie seit Wochen kein Fleisch mehr gegessen hat und bereit war, Freddy, unseren Liebling, zum Essen gern hatte.“

Gut ausgedrückt, nicht wahr?

„Meine Kinder“, fuhr er fort, „waren zufrieden mit dem Freddy-Gulasch, den sie mit Äpfeln, Gurken und Frühkartoffeln angerührt hatte.“
„Jetzt habe ich ihn in mir“, sagte unsere Jüngste und wünschte sich einen neuen Hund.

Dann erzählte mir der Tierwärter, wie in den genannten Ländern Hunde angerichtet werden:
„Forschungen haben bewiesen“, sagte der gelehrte Mann, „dass bereits in der Steinzeit in Europa Hunde verzehrt wurden. Man schrappte ihnen die Haare ab, warf den anderen Hunden die Innereien zu und kochte ihn in Erdlöchern, die mit Gemüse und Obst mit heißen Steinen gegart wurden – so etwas könntest du noch in der Südsee bei den Eingeborenen sehen. Ein Teil des Fleisches wurde den Göttern und Göttinnen geopfert, auch mit Stöcken über offenem Feuer geröstet, wie man es mit anderen Tieren und vor allem mit der Jagdbeute auch tat. Die noch lebenden Hunde sahen zu, du musst bedenken, dass Tiere nicht logisch denken können – auch wenn einige vernarrte Hundebesitzer anderer Meinung sind.“

Zwei „Tanten“ mit je einem Uraltpudel setzten sich zu uns.
„In der Not frisst der Teufel Brummer“, sagte ich und fragte, „haben Sie schon einmal Hundefleisch gegessen?“
„Oh ja“, antworteten sie, „1947, als unsere Männer aufs Land fuhren und unsere goldenen Bestecke beim Bauern gegen Hofhunde eintauschten. Sie murksten sie im Wald ab und machten sie koch- und bratfertig, damit niemand sie bei den Kontrollen identifizieren konnte. - Weißt du, wenn Mägen laut knurren, dass man‘s in der Kirche hören kann,

und du vor Hunger weder pupen noch kacken kannst, dann ist‘s aus mit frommen Sprüchen und erbaulichen Zitaten.“
„Nicht nur in Notzeiten“, fuhr der Zoomann fort, nachdem die Tanten uns verlassen hatten, „sondern auch in normalen Zeiten aß man Hunde. Es gab Hundeschlachtereien in Sachsen, welche die Tiere für ihre Kundinnen fix und fertig machten. Weltreisende und Entdecker, die noch im 19. Jahrhundert nicht wussten, ob sie je heimkommen würden, hatten stets Hunde an Bord, weil diese es in Notzeiten länger aushielten als anderes Viehzeug.“
Vom „Hundeessen“ kommen wir jetzt zum Hunde essen.

Wenn ich mit „meinen“ Hunden, die ich gar nicht besaß, am Kanal und anderswo spazieren ging, traf ich oft Leute, die auf den Bänken saßen, ihren Hund bei sich hatten und erwarteten, dass ich mich zu ihnen setzte. Thema der Schwatzereien war stets der Hund. Was ich da frei von der Leber weg zu hören bekam, ließ meinen beidseitigen Ohrenschmalz gerinnen oder aufkochen. Klar, wir leben in einer Gesellschaft, in der so genannte Ruheständler es besser haben als je zuvor – was nicht ausschließt, dass es vielen „saudreckig“ geht. Wer uralt wird, sagen wie so um 80 und mehr, droht zu vereinsamen – da ist ein nettes Hundekerlchen oder -frauchen ein besserer Gesellschafter als Enkel etcetera…

Diese Klientel traf ich ebenfalls auf Bänken in Promenaden, und sie selbst, also meist Frauchen, waren geschmückt und ausstaffiert – oder umgekehrt – wie ihre Hundchen, meist Modetiere, die ebenso arrogant dreinschauten wie ihre Führerinnen. Wenn ich mich zu ihnen setzte und ein Gespräch begann, sie gar kraulte und mit

Lakritzbrocken bestach, ließen sie Frauchen Frauchen und Herrchen Herrchen sein.
„Du bist ein guter Mensch“, sagte das Ehepaar Herr und Frau von Müller, „unser Struppi, der eigentlich ‚Stupps von Stuppenheim‘ heißt, riecht das.“
Unser Gespräch bewegte sich demnach in den höheren Kreisen des Hundeadels. Zu dem gehörte ein Laden der Innenstadt, in dem diese Kreise, ob vier- oder zweibeinig, verkehrten, einkauften und doppelte bis vierfache Preise als bei Lidl und Aldi bezahlten.

Insgeheim, wobei ich mich loyal verhielt, schätzte ich den Schmuck Struppis, den er für diesen Ausgang trug, auf 10.000 Euro: die goldene Führleine aus Leder, das güldene, mit Edelsteinen besetzte Halsband, die glänzende Halskette, sein Wams aus Elchleder, von silbernen Borten eingefasst und den Ohrclips, deren zweite Ausfertigung Frau von Müller zur Schau trug. Während Struppi auf meinem Schoß ruhte, fragte ich:
„Was isst denn solch ein lieber Kerl am Tag?“
„Dasselbe wie wir“, antwortete Herr von Müller, „da gibt‘s keine Ausnahmen.“
„Man darf Tiere nicht verwöhnen“, fügte sie hinzu, „morgens ein Ei, gekocht oder gespiegelt, ein Tässchen Hühnerbrühe, eine Käsestulle und eine Frankfurter, mehr zum Spielen und Jagen als gegen den Hunger.“
„Eine Wurst zum Spielen und Jagen?“
„Ja, unser Hausarzt Professor von und zu Soundso hat uns Bewegung verordnet. Da binden wir eine Wurst an einen goldenen Faden und gehen dann etwas rascher, so zwei KMH, damit Struppi das Haschen lernt – er ist schließlich ein Wildtier, oder?“

„Sagen Se mal“, fragte Herr von Müller, „was haben‘Se an sich, dass unser Hund Sie zu verehren scheint?“
„Ach“, winkte ich ab, „das geht mir mit Krokodilen und Kreuzottern genauso.“
„Igittigit“, sagte sie irritiert.
„Wir müssen noch zum Professor“, entschied er, „können wir den Hund hier bei Ihnen lassen?“
„Können Sie, ich kann ihn auch zu Ihnen nach Hause bringen.“
„Mit dem Fahrrad?“
„Klar, mit dem Fahrrad, er läuft nebenher.“
„Hatter noch nie gemacht, er ist so bewegungsfaul.“
„Bei mir nicht.“

* * * * * *

Kaum war dieses traute Paar entschwunden, als Struppi erwachte, zu Boden sprang und mich kläffend zum Aufbruch aufforderte. Da geschah das für alle bisher Beteiligten Unglaubliche, dass wir im nahen Sportstadion medaillenverdächtige Runden drehten, die an den antiken Sportler Marathon erinnerten – ich mühevoll auf dem Fahrrad, Struppi auf vier Läufen mühelos die doppelte Strecke durch Quer-, Hin- und Herläufe zurücklegend und dabei jauchzend bellend. Andere Hunde entrissen sich ihren Herrchen und Frauchen und machten mit – ein Bild voller Zufriedenheit und vollen Einklangs von Mensch und Tier.
„Struppi!“, befahl ich im Ton eines Zinnsoldaten, „wir müssen heim!“
Er kläffte sein Wuff = Einverstanden und rannte voraus. In seiner Wohnstraße, vornehmer als des Kaisers Viertel in

Berlin, war er so weit voraus, dass ich ihn unbemerkt täuschen konnte und ebenso nach Hause radelte – mir war, dass dies besser sei, als sich in Struppi zu verlieben…

In der Folgezeit lernte ich viele Hunde kennen, die unverdient von ihren Haltern über alle Maßen verwöhnt wurden, deren gute Anlagen unverdient verödeten, während ihre Herrchen und Frauchen verblödeten. Ich war gern gesehen in diesen Familien, fast so gern wie die Hunde, die mich alle mochten und mich nicht einmal böse anknurrten oder gar bissen. Ich saß mit bei Tisch, oft auf dem Ehrenplatz links des Hundes, und der einzige Unterschied schien der zu sein, dass ich korrekt mit Messer und Gabel essen konnte, während die Hunde nicht einmal ihre Vorderpfoten zu benutzen brauchten. Oft wurde vorher gebetet, etwa so:
„Wer noch bei den Lebenden weilt, der hat Hoffnung; denn ein lebender Hund ist besser als ein toter Löwe." (Prediger 9,4)
Zwischen echt paniertem Wiener Schnitzel, für den Hund klein geschnitten, parlierte der Tischherr gern Phrasen und Aphorismen verstorbener Prominenter:
„Hunde haben alle guten Eigenschaften des Menschen, ohne gleichzeitig ihre Fehler zu besitzen." (Hundefreund Friedrich II. von Preußen)
„Der Hund ist ein Ehrenmann, ich hoffe sehr, einst in seinen Himmel zu kommen, nicht in den der Menschen." (Mark Twain)
Der Hausherr belehrte mich wie einen Azubi im ersten Lehrjahr, nachdem er mit seinem Schnauzer gemeinsam drei Kohlrouladen gegessen hatte.
„Unser Edelhund Brook von Brookmerland macht keinen

Lärm, er bellt. Er hat eine warme Schnauze entgegen der Kaltschnäuzigkeit vieler Menschen. Wenn du ihn aufliest, sollte er Hunger haben und du machst ihn satt, dann wird er dich nicht beißen – das ist einer der Hauptunterschiede zwischen Hund und Mensch."
Er betonte dabei „Hund" und „Hunde", so dass man sich als empfindlicher Gast beleidigt fühlen konnte.
„Ja", fügte ich als höflicher Gast bei, „‚der Hund ist der sechste Sinn des Menschen'".
„Sehr gut, junger Mann – wer hat das denn gesagt?"
„Soviel ich weiß Friedrich Hebbel, der von 1813 bis 1863 lebte."

Ich wurde an diesem Speisetisch bis zum Platzen gesättigt, so dass ich keine Gelegenheit fand, mich darüber zu wundern, dass auch Hund Brook gefragt wurde, ob es ihm geschmeckt habe. Hier nun wurde ich zum ersten Mal aufgefordert, „Ihre schönste Hundegeschichte, die Sie erfahren haben, zum Besten zu geben – Sie können erzählen und haben hier die besten Zuhörer der Welt; einverstanden?"
„Einverstanden, danke!"
Es waren insgesamt zehn Zuhörer, Brook eingeschlossen, der mich während des Vortrages unentwegt anschaute.
„Diese Geschichte", kündigte ich an, „handelt vom Scotchterrier Fala, 1940 bis 1952, dem Hund des US-Präsidenten Franklin Delano Roosevelt", (hier verfinsterte sich das Gesicht des Hausherrn, was ich tunlich übersah), „der mit seinem Herrn wirklich allerlei Abenteuer erlebte, welche für die Tierliebe der US-Amerikaner sprechen."

Hier also mein Vortrag. Im Weißen Haus zu Washington

sorgten Hunde schon immer für Aufregung, Frohsinn und Verwunderung – der Amerikaner mag sie halt, diese vierbeinigen Unterhalter, Kameraden und Verbesserer der Bürolaune. Es ging her wie in Hollywood: „Gut, besser, am besten." Am besten, launigsten und originellsten war Scotchterrier Fala, schwarz wie ein Schwarzer und sogar politisch tätig; darauf komme ich noch. Nicht alle patriotischen Amerikaner waren Hundefreunde, und nicht sie allein mokierten sich, wenn bei Sitzungen und Versammlungen nach der Ankündigung „The President of the United States" nicht dieser Präsident als erster den Saal betrat, sondern Fala sehr selbstbewusst. Das lag auch daran, fügte ich hinzu, dass der nicht mehr „ganz fitte" Präsident schon länger wenig flott auf den Beinen war.

Fala war kein Einzelfall im Haus, Tiere wuselten hier schon immer herum und taten das auch später: „First Cat" Socks zum Beispiel, Bill Clintons Kater, oder Carters „First Dog" Grits, eine Promenadenmischung. Doch keiner dieser hohen Herrchen scheint seine offensichtliche Hundeliebe so weit getrieben zu haben wie Roosevelt. Zum ersten Beispiel: Auf seiner Reise nach Hawaii machte er einen Abstecher zu den Aleuten-Inseln bei Alaska – das sollte politische Folgen haben, die ich hier nicht ausbreiten kann. Zum zweiten Beispiel: Nach A.Hs. Überfall auf Russland trafen sich Roosevelt und Churchill auf dem Schlachtschiff „Prince of Wales", um eine engere Zusammenarbeit gegen A.H. zu vereinbaren; Fala war dabei. Zum dritten Beispiel: Auf einer anschließenden Konferenz in Quebec, wo bereits über die Zukunft Deutschlands beraten wurde, fuhr Fala im offenen Auto mit – auf dem Schoß eines Sicherheitsbeamten. A.H. und seine Gesellen, die Deutschen überhaupt, lachten darüber – bald gab's nichts mehr zu Lachen. Fala überlebte seinen Herrn um 7 Jahre und wurde im Familiengrab der Roosevelts beigesetzt. (Eine kurze Pause zum Klatschen und Blicke der Anerkennung für mich, in welche Brook einstimmte. Weil hier, in diesem Kreis, der Name Roosevelt oft fiel und immer „Ruusvelt" ausgesprochen wurde, sah ich mich zur Korrektur und Belehrung veranlasst:

„Diese Familie hat sich immer darum bemüht, dass Roosevelt wie deutsch ausgesprochen werde, also Roosevelt."

Der Hausherr, der mich wie Brook zunehmend mehr vertraulich und interessiert anblickte, wunderte sich aber darüber, es nicht gewusst zu haben, kam dann aber auf mein (dieses) Manuskript zu sprechen. Ich erklärte ihm, auf der Suche nach einem würdigen Abschluss zu sein.

„Da habe ich zwei zur Auswahl", sagte er, „oder Sie können beide nehmen – über Hunde kann ja nicht genug geschrieben und erzählt werden."

Er überreichte mir eine zwanzig Jahre alte Tageszeitung, für die er früher einmal einen Artikel „Hunde und das Fernsehen" veröffentlichte hatte. Ich las ihn zu Hause und füge ihn hier ein: **„Hunde beim und im Fernsehen":**

Was mich bei der Einführung des Fernsehens am meisten interessierte, waren Fußball und das Verhalten meiner Hunde Trick und Track, Dackel und Terrier. Gestern war das Gerät gekommen und eingestellt worden und die Hunde hatten es schon beschnüffelt und kennengelernt, es sagte ihnen natürlich nichts. Ich war nicht sicher, was Hunde beim Fernsehen sehen können, hören mussten sie wie wir Menschen, wenn nicht besser. Es gab einen Film „Der

Wolf und wir“ und schien wie gemacht für einen Versuch. Als die Tagesschau anlief lagen Trick und Track unterm Tisch und warteten auf das abendliche Spazierengehen. Sie hatten zwar auf der Suche nach dem geheimnisvollen Sprecher die Wohnung durchstöbert, sich dann aber zufrieden gegeben. Jetzt begann der Film mit dem vorgeschichtlichen Geheul des Wolfes. Wie von Hornissen gestochen fetzten beide ohne Rücksicht zu nehmen auf die Couch, starrten, bellten, knurrten und heulten zum Erbarmen, rannten rundum im ganzen Haus und kamen mit der Erkenntnis zurück, dass die neue Kiste die Ursache allen Übels sei. Sie musste also untersucht werden.

Anspringen der Vorder- und Rückseite brachte nichts, der Geruch war zwar neu, aber konnte von keinem lebenden Wesen oder aus der Küche stammen. Dann, als die Bilder ruhiger wurden und nun ganz und gar faszinierend die Augen bannten, saßen Trick und Track still neben Frauchen auf der Couch. Sie machte einen Versuch: Weg mit dem Ton! Wieder her damit! Jetzt fiel den Hunden ein, dass es Zeit sei, gemeinsam Gassi zu gehen, sie drängten zur Haustür – für sie hatte sich bereits der Reiz der Neuheit verloren.“

Da ging mein Gastgeber zum Bücherschrank und holte, man rate einmal!, „Wilhelm Busch“ hervor.
„Dieser geniale Mann“, sagte er, „hat, wie wohl jeder weiß, viel mit Hunden zu tun gehabt.“
Er schlug den großen dicken Band auf und ließ seine Hand auf „Plisch und Plum“ liegen:
„Wie wär‘s mit dieser Geschichte als Abschluss?“
„Sie ist zu lang“, sagte ich, als wenn ich bereits darüber

nachgedacht hätte.
„Dann nur das erste Kapitel, wo die beiden Hunde Plisch und Plum von einem bösen Mann ertränkt werden sollen und von zwei Kindern gerettet werden.“
Kurz und gut – „so wird‘s gemacht“… Diese Hundegeschichte haben wir auf den Seiten 200 bis 206 bereits gebracht.

Ende